いきなり プログラミング

Python

As soon as you open this book,
you will be an app developer!

wat 著

JN073550

SE
SHOEISHA

本書内容に関するお問い合わせについて

このたびは翔泳社の書籍をお買い上げいただき、誠にありがとうございます。弊社では、読者の皆様からのお問い合わせに適切に対応させていただくため、以下のガイドラインへのご協力をお願い致しております。下記項目をお読みいただき、手順に従ってお問い合わせください。

●ご質問される前に

弊社Webサイトの「正誤表」をご参照ください。これまでに判明した正誤や追加情報を掲載しています。

正誤表　　　　https://www.shoeisha.co.jp/book/errata/

●ご質問方法

弊社Webサイトの「書籍に関するお問い合わせ」をご利用ください。

書籍に関するお問い合わせ　　https://www.shoeisha.co.jp/book/qa/

インターネットをご利用でない場合は、FAXまたは郵便にて、下記"翔泳社 愛読者サービスセンター"までお問い合わせください。
電話でのご質問は、お受けしておりません。

●回答について

回答は、ご質問いただいた手段によってご返事申し上げます。ご質問の内容によっては、回答に数日ないしはそれ以上の期間を要する場合があります。

●ご質問に際してのご注意

本書の対象を超えるもの、記述個所を特定されないもの、また読者固有の環境に起因するご質問等にはお答えできませんので、予めご了承ください。

●郵便物送付先およびFAX番号

送付先住所　　〒160-0006　東京都新宿区舟町5
FAX番号　　　03-5362-3818
宛先　　　　　（株）翔泳社 愛読者サービスセンター

はじめに

　本書を手に取ったあなたは、「プログラミングで何か作ってみたい！」というワクワク感を持っていることでしょう。この本ではPythonという言語で実際にアプリを作りながらプログラミングを学びます。Pythonはプログラミングを経験したことがない超初心者にとって、最も挫折しにくい言語と言われています。これは直感的に記述できる構文が多いことや、誰が書いても読みやすくなる言語仕様であることが理由です。

　本書では「文法を覚えてからアプリを作る」ということはせず、**いきなりアプリを作り始めます**。アプリを作りたいという楽しい気持ちをそのまま保ちながら進められるよう、Pythonらしいアプリを6つ用意しました。

　PythonはIoT機器の開発やAIを搭載した製品開発に多く活用されています。そのため本書でも自分のPCのマイクやカメラといったハードウェアを操作したり、AI（機械学習）を活用したアプリを作ったりします。

　Pythonは世界中のコミュニティで開発が進められており、便利な機能を簡単に自分のプログラムに導入できます。音声処理や画像処理、ゲーム開発や最新のAI・機械学習……といった、ここには書ききれないほど数多くの分野に対応する豊富なライブラリが存在します。これらのライブラリを活用すれば初心者でも高度で便利なアプリをシンプルなコードで作ることが可能です。

　Pythonを覚えれば普段の趣味や仕事の幅が広がることは間違いありませんが、「ものを作る」ということはそれだけで本当に楽しいことです！ 本書が皆様にとって楽しいプログラミングの世界へのガイドになることを期待します。

　そして、本書はお忙しい中レビューしていただいたCMScom代表 寺田学（@terapyon）様、PyCon JP Association代表理事 鈴木たかのり（@takanory）様、小山哲央（@tkoyama010）様、石井正道様、翔泳社 大嶋航平様のご指摘やアドバイスにより完成しました。この場を借りてお礼申し上げます。

wat

▦ 本書の読み方

◎コード

赤字のコードが「追加」や「修正」を行うコードです。紙面の都合上、コードの途中で改行を挟む部分には ⏎ を掲載しています。

Code 2-1-2 桁数入力

```
1    # ゲーム開始の説明
2    print(' 数当てゲームスタート！ ')
3    print(' 私が 1 ～ 9 までの数値を使ってランダムな数を作ります。 ')
4    print(' あなたは 1 桁から 9 桁の桁数を指定してください。 ')
5
6    # 桁数入力
7    n = int(input(' 何桁の数字でゲームをしますか？ （1 ～ 9）： '))    ── 追加
```

また、コードを実行した際に、実行結果が表示される際は、その内容をあわせて掲載します。

実行結果

```
数当てゲームスタート！
私が 1 ～ 9 までの数値を使ってランダムな数を作ります。
あなたは 1 桁から 9 桁の桁数を指定してください。
何桁の数字でゲームをしますか？ （1 ～ 9）： 3    ● ── ユーザーが桁数を入力する
```

◎チェックポイント

操作につまずきやすい部分では、チェックポイントを用意しています。

─── **Check Point** ───

SpeechRecognition でエラーが出る！

プログラムを実行して「ModuleNotFoundError: No module named 'distutils'」というエラーが発生する可能性があります。このエラーは第 3 章の 99 ページで紹介した、setuptools の更新で解消します。次の pip install コマンドを実行し、再度プログラムが正常に動くか確認しましょう。

◉setuptoolsのインストール

```
1    pip install --upgrade setuptools
```

◎ワンポイント解説

解説の途中で登場する「用語」や「技術」については、ワンポイント解説を掲載しています。詳しく知りたい人は、ぜひ解説を読んでみてください。この部分を読み飛ばしても、アプリは完成させられます。

変数って何？

変数は、数値や文字列など任意の値を入れておける、名前付きの箱と説明しました。箱に値を入れるときは、次のようにコードを書きます（これを**代入文**と呼びます）。

● 変数の書き方

```
1   変数名 = 変数に入れる値
```

プログラムの途中で、同じ値を何度も使う場合や、値の中身が変動する場合は、その値を変数に入れておくと便利です。今回のプログラムでは、プログラムが正解の数字を導くまでに何度も、推測範囲の「最大値」と「最小値」を参照したり、上書きしたりします。そこで、それぞれの値を変数「low」と「high」として用意しているのです。変数を用意することを**「変数を定義する」**とも呼びます。

◎キャラクターヒント

解説の途中では、キャラクターたちがヒントやアドバイスをしてくれます。

Pythonのプログラミング楽しみだな〜！

いろいろな面白いアプリを作ってみよう！

■ 本書の流れ

本書は 1 ～ 6 章で構成されており、各章 1 つずつのアプリを作っていきます。

途中で正解を確認したいときや、どうしてもつまずいてしまったときは、後述するプログラムのお手本ファイルをダウンロードして確認することができます。

■ ダウンロードファイル（付属データ）について

本書のダウンロードファイルは下の URL から、翔泳社のサイトにアクセスしてダウンロードできます。アクセスしたページでリンクをクリックすると、Zip ファイルがダウンロードできるので、ご自身のパソコンで解凍して使用してください。

🌐 https://www.shoeisha.co.jp/book/download/9784798184869

Zip ファイルを開くと、章ごとのフォルダが用意されています（第 1 章のフォルダは「ch01」フォルダ、第 2 章のフォルダは「ch02」フォルダ……）。各章のフォルダには、**作業のお手本となる完成形のプログラム（.ipynb と .txt）**が入っています。ファイル名の「x-x-x」の部分は、紙面に掲載されているコードの番号に対応しています。

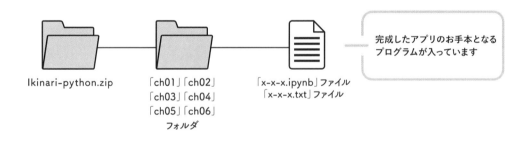

Ikinari-python.zip 　　「ch01」「ch02」　　　「x-x-x.ipynb」ファイル　　完成したアプリのお手本となる
　　　　　　　　　　　「ch03」「ch04」　　　「x-x-x.txt」ファイル　　　プログラムが入っています
　　　　　　　　　　　「ch05」「ch06」
　　　　　　　　　　　フォルダ

【ダウンロードファイル（付属データ）に関するご注意】

※付属データに関する権利は著者および株式会社翔泳社が所有しています。許可なく配布したり、Web サイトに転載したりすることはできません。

※付属データの提供は予告なく終了することがあります。あらかじめご了承ください。

■本書の動作環境について

パソコンは Windows と macOS のどちらでも利用できます。
本書で紹介しているサンプルプログラムは次の環境で動作確認を行っています。

・Windows11（64bit）
・macOS Ventura 13.6.3

迷ったときはお手本を確認しよう！

書き写すことが難しいときは、お手本のプログラムをコピーすることもできるよ

Contents

Chapter

1

コンピューターに頭の中を覗かれる !?
「マインドリーダー 100」

Chapter

2

ヒントを頼りに名探偵を目指せ！
「推理力測定ゲーム」

Chapter 3

声の高さを自由自在に操ろう！
「いつでも声変わり機」

Chapter

4

読み上げた音声を自動で変換！
「タメ口矯正アプリ」

Chapter

5

長時間撮影をぎゅっと圧縮！
「タイムラプスクリエイター」

Chapter

6

AIカメラが捉える幸せの瞬間！ 「笑顔キャプチャーカメラ」

コンピューターに頭の中を覗かれる!?
「マインドリーダー100」

Chapter 1

この章で作成するアプリ

この章では、あなたが頭に思い浮かべた数をコンピューターが当てる
「数当てられ」ゲームを作ります。
アプリ開発の環境を整えながら、Python プログラミングへ入門しましょう。

```python
[1]: 1  print('1 から100 までの間で好きな数字を1 つ思い浮かべてください。')
     2  print('あなたの考えている数字を7 回以内に当ててみましょう。')
     3
     4  # low: 最小の数値、high: 最大の数値
     5  low = 1
     6  high = 100
     7  print(low, high)
     8
     9  for i in range(7):
     10     # low とhigh が同じならループを抜ける
     11     if low == high:
     12         break
     13
     14     # コンピューターの推測値を確認
     15     guess = (low + high) // 2
     16     print('あなたの数字は ', guess, 'より大きいですか？ (yes/no)')
     17     answer = input()
     18
     19     # ユーザーの答えにより分岐
     20     if answer == "yes":
     21         low = guess + 1
     22     else:
     23         high = guess
     24
     25  print('あなたの考えている数字は ', low, ' ですね！ ')
```

```
1 から100 までの間で好きな数字を1 つ思い浮かべてください。
あなたの考えている数字を7 回以内に当ててみましょう。
1 100
no
あなたの数字は 41 より大きいですか？ (yes/no)
no
あなたの数字は 40 より大きいですか？ (yes/no)
no
あなたの数字は 39 より大きいですか？ (yes/no)
yes
あなたの考えている数字は 40 ですね！
```

Check!

コンピューター
と対話する

コンピューターから
の質問にユーザーが
答える、という流れ
をプログラムで作り
ます

Check!

正解の数字を
言い当てる

質問を繰り返したコンピューターは、最
後にユーザーが思い浮かべた数字を言い
当てます

あなたの考えている数字は 40 ですね！

Check!

プログラムを
書く準備

「ノートブック」と
いう形式でプログラ
ミングを行うための
準備をします

Roadmap
ロードマップ

SECTION 1-1 Pythonの準備をしよう
>P004

必要なソフトを
インストールするよ!

SECTION 1-2 はじめてのノートブックを作ろう
>P010

プログラムを書く「ノート
ブック」について知ろう!

SECTION 1-3 「数当てられ」ゲームを作ろう
>P022

実際に簡単なゲームを
作ってみよう!

FIN

Point
――この章で学ぶこと――

☑ Pythonのインストール方法とプログラムの実行方法を学ぶ!

☑ 内容が同じ処理は「繰り返し処理」を使う!

☑ 条件によって処理を分けたいときは「条件分岐」を使う!

Go to the next page! →

1-1 Pythonの準備をしよう

1-1-1 Pythonをインストールしよう

Python は 30 年以上の長い歴史を持つプログラミング言語です。現在でも開発が続けられており、本書の執筆時点（2024 年 5 月）では最新バージョンは 3.12.3 です。特に理由がなければ最新バージョンをインストールして使いましょう。

本書は Windows と macOS の両方の PC に対応しています。Windows と macOS で操作が分かれる場合は「Windows 編」「macOS 編」と記載して説明します。自分に必要な項目を読んでください。

● Windows編

まずは次の URL から、Python の公式ページにアクセスしましょう。「**Downloads**」にマウスカーソルを合わせると、最新版の Python のダウンロードボタンが表示されます。ボタンをクリックしてダウンロードしましょう。本書では「**Python 3.12.3**」をダウンロードします。

通常は最新版を使用していれば問題ありませんが、Python の過去のバージョンをインストールしたい場合は「**View the full list of downloads.**」をクリックすると、遷移先のページから選択できます。

🌐 https://www.python.org/

図 1-1-1 Pythonインストーラーのダウンロード

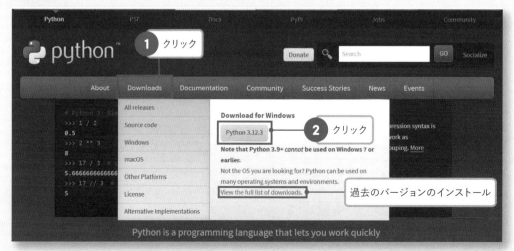

バージョンって何？

Python 3.12.3 の「3.12.3」は**バージョン番号**です。Python をはじめとしたプログラミング言語にはバージョンがあり、新しい機能の追加や修正が実施されたタイミングでバージョン番号が更新されます。

Python では様々な外部のソフトウェア（**外部ライブラリ**と呼びます）と連携してプログラミングをします。この外部ライブラリにもバージョン番号があり、バージョンの違いによって処理がうまく動作しないことがあります。もし本書に記載のプログラムを実行中に予期せぬエラーが発生する場合は、それぞれのライブラリを本書で紹介しているバージョン番号に合わせてインストールしてください。

図 1-1-2 ダウンロードしたファイルの実行

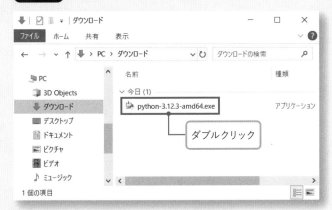

Windows の場合「**ダウンロード**」フォルダにファイルがダウンロードされています。エクスプローラーを開いて、ダウンロードしたファイルをダブルクリックするとインストーラーが起動します。

図 1-1-3 パスの設定とインストール

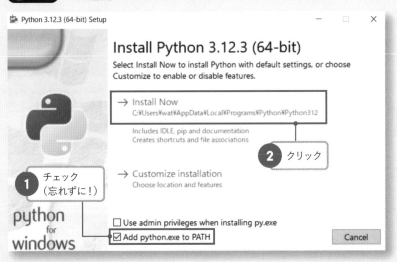

インストーラーの手順に従って、Python をインストールしましょう。はじめに表示されるウィンドウで **Add python.exe to PATH** の左にあるチェックボックスをクリックしてから、「**Install Now**」をクリックします。

図 1-1-4 インストール中の画面

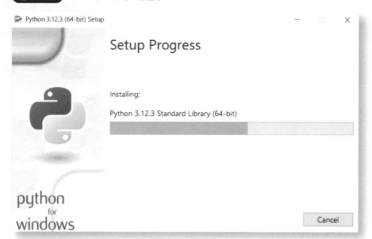

インストールが開始されます。進捗を示すバーが右端に到達するまで待ちましょう。

図 1-1-5 インストール終了

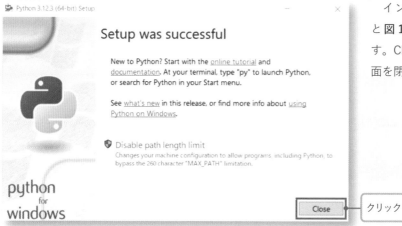

インストールが終了すると図 1-1-5 の画面になります。Close をクリックして画面を閉じましょう。

macOS編

macOS 版も同じ公式ページ（https://www.python.org/）からインストーラーをダウンロードします。「**Downloads**」にマウスカーソルを合わせて最新版のインストーラーをダウンロードします。

図 1-1-6 ダウンロードしたファイルの実行

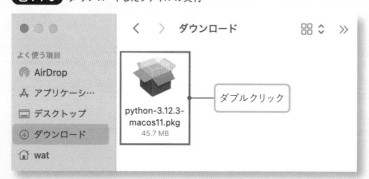

macOS の 場 合「**ダウンロード**」フォルダにファイルがダウンロードされています。Finder を立ち上げて、ダウンロードしたファイルをダブルクリックするとインストーラーが起動します。

図 1-1-7 インストーラー起動画面

インストーラーが
起動したら「**続ける**」
をクリックします。

クリック

図 1-1-8 使用許諾契約

使用許諾契約の内
容を確認後、「**続け
る**」をクリックしま
す。

クリック

図 1-1-9 使用許諾契約への同意

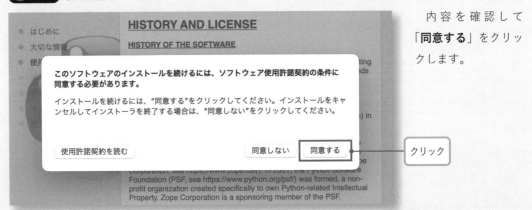

内容を確認して
「**同意する**」をクリッ
クします。

クリック

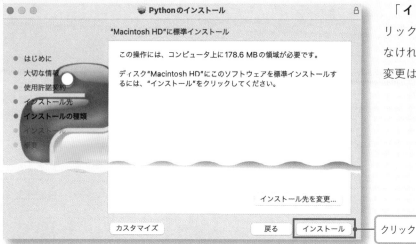

図 1-1-10 インストール先の確認とインストール

「**インストール**」をクリックします。特に理由がなければインストール先の変更は不要です。

図 1-1-11 インストール中の画面

インストールが開始されます。進捗を示すバーが右端に到達するまで待ちましょう。

　インストール中に Finder が自動で起動されます。インストールされたファイルの一覧が表示されていますが、この中の「**Install Certificates.command**」をダブルクリックしましょう。この作業はPython からインターネットのサイトにアクセスする際に使う**証明書をインストールする**ためのものです。

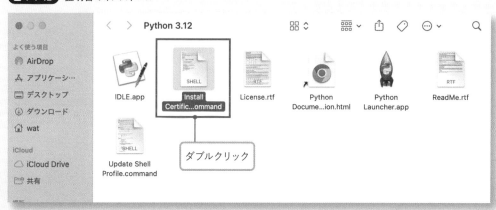

図 1-1-12 証明書のインストール

図 1-1-13 証明書のインストール画面

```
●●●          🔲 wat — Install Certificates.command — 80×24
Last login: Thu May  2 13:40:59 on ttys000
/Applications/Python\ 3.12/Install\ Certificates.command ; exit;
wat@MacBook-Pro-wat ~ % /Applications/Python\ 3.12/Install\ Certificates.command
; exit;
 -- pip install --upgrade certifi
Requirement already satisfied: certifi in /Library/Frameworks/Python.framework/V
ersions/3.12/lib/python3.12/site-packages (2024.2.2)
 -- removing any existing file or link
 -- creating symlink to certifi certificate bundle
 -- setting permissions
 -- update complete

Saving session...
...copying shared history...
...saving history...truncating history files...
...completed.
Deleting expired sessions...none found.

[プロセスが完了しました]█
```

左 の 画 面 が 表示 さ れ れ ば 証 明 書のイ ン ス ト ー ルは 完 了 で す。左 上 の赤 丸 ボ タ ン で こ のウ ィ ン ド ウ を 閉 じ ま し ょ う。

図 1-1-14 インストール終了

Finder ウ ィ ン ドウ の 裏 に 次 の 画 面が 表 示 さ れ て い ます。「**閉 じ る**」をク リ ッ ク し て 画 面を 閉 じ ま し ょ う。こ れ で イ ン ス ト ー ルは 完 了 で す。

図 1-1-15 インストーラーの削除

インストーラーを残すか、削除するかを選択します。特に理由がなければ「**ゴミ箱に入れる**」をクリックしましょう。

はじめてのノートブックを作ろう

1-2-1 JupyterLabをインストールしよう

本書ではプログラミングを**ノートブック**と呼ばれる形式で行います。ノートブックによるプログラミングには**JupyterLab**というアプリケーションを使います。プログラムを書く、プログラムを実行する、結果を確認するというプログラミングに必要な一連のことが、この JupyterLab 1つでできます。

それではさっそく JupyterLab をインストールしましょう。Python がインストールされた後であれば、JupyterLab も簡単にインストールできます。

JupyterLabって何？

JupyterLab は Web ブラウザ上でプログラミングができる開発環境です。ノートブックと呼ばれる形式でプログラミングを行い、**コードを1行ずつ実行しながら対話式に結果を確認できる**ため、初心者にとって学習しやすいです。すべて英語になってしまいますが、次の URL から公式ドキュメントを参照できます。

🌐 https://jupyterlab.readthedocs.io/en/latest/

● Windows編

図 1-2-1 コマンドプロンプトの起動

「cmd」と入力して [Enter] を押す

🔍 cmd

Windows の場合、画面左下の検索欄に「cmd」と打ち込み、[Enter] キーを押します。

すると、**コマンドプロンプト**と呼ばれるツールの画面が開きます。画面上でキー入力をすることができるので、次の**コマンド**を入力して実行します。実行は [Enter] キーを押しましょう。

Command **1-2-1** JupyterLabのインストール

```
1   pip install jupyterlab
```

図 1-2-2 JupyterLabのインストール（コマンドプロンプト）

こっ…この黒い画面は何!?

怖がらないで！ これは「コマンド」を使うための画面だよ！

コマンドって何？

コマンドとは**コンピューターに特定の機能の実行を指示する命令**を表したものです。本書の Windows 環境では「**コマンドプロンプト**」、macOS 環境では「**ターミナル**」と呼ばれるツールを使ってコマンドを実行します。

図 1-2-3 JupyterLabインストールの終了（コマンドプロンプト）

文字がたくさん表示されますが、図 1-2-3 のように再びキーボードの入力待ち状態になればインストールは完了しています（数分かかる場合があります）。

再びコマンドが入力できるようになる

pip installはどんなコマンド？

Python では、外部の開発者が開発しているライブラリを呼び出して効率的にプログラミングができます。この外部ライブラリは **PyPI**（パイピーアイ：https://pypi.org/）と呼ばれるサイトに登録されており、この PyPI から自分の環境にライブラリをインストールするためのコマンドが「**pip install**」です。外部ライブラリについては第 3 章で詳しく説明します。

macOS編

macOS の場合は明示的に Python 3 へ JupyterLab をインストールするために **pip3** コマンドを使います。macOS を使っている人は次のコマンドをターミナルに打ち込み、[Enter] キーを押しましょう。

Command **1-2-2** JupyterLabのインストール

```
1  pip3 install jupyterlab
```

図 1-2-4 JupyterLabのインストール（ターミナル）

Last login: Sun Feb 18 13:23:24 on ttys000
wat@MacBook-Pro-wat ~ % pip3 install jupyterlab

> コマンドを入力して [Enter] を押す

図 1-2-5 JupyterLabインストールの終了（ターミナル）

文字がたくさん表示されますが、図 1-2-5 の図のように再びキーボードの入力待ち状態になればインストールは完了しています（完了まで数分かかる場合があります）。

```
 httpx, arrow, argon2-cffi-bindings, jsonschema, isoduration, ipython, argon2-cf
fi, nbformat, ipykernel, nbclient, jupyter-events, nbconvert, jupyter-server, no
tebook-shim, jupyterlab-server, jupyter-lsp, jupyterlab
Successfully installed MarkupSafe-2.1.5 anyio-4.2.0 appnope-0.1.4 argon2-cffi-23
.1.0 argon2-cffi-bindings-21.2.0 arrow-1.3.0 asttokens-2.4.1 async-lru-2.0.4 att
rs-23.2.0 babel-2.14.0 beautifulsoup4-4.12.3 bleach-6.1.0 cffi-1.16.0 charset-no
rmalizer-3.3.2 comm-0.2.1 debugpy-1.8.1 decorator-5.1.1 defusedxml-0.7.1 executi
ng-2.0.1 fastjsonschema-2.19.1 fqdn-1.5.1 h11-0.14.0 httpcore-1.0.3 httpx-0.26.0
 idna-3.6 ipykernel-6.29.2 ipython-8.21.0 isoduration-20.11.0 jedi-0.19.1 jinja2
                                                                          ... 3.5 jup
pect-4.9.0 platformdirs-4.2.0 prometheus-client-0.20.0 prompt-toolkit-3.0.43 psu
til-5.9.8 ptyprocess-0.7.0 pure-eval-0.2.2 pycparser-2.21 pygments-2.17.2 python
-dateutil-2.8.2 python-json-logger-2.0.7 pyyaml-6.0.1 pyzmq-25.1.2 referencing-0
.33.0 requests-2.31.0 rfc3339-validator-0.1.4 rfc3986-validator-0.1.1 rpds-py-0.
18.0 send2trash-1.8.2 six-1.16.0 sniffio-1.3.0 soupsieve-2.5 stack-data-0.6.3 te
rminado-0.18.0 tinycss2-1.2.1 tornado-6.4 traitlets-5.14.1 types-python-dateutil
-2.8.19.20240106 uri-template-1.3.0 urllib3-2.2.1 wcwidth-0.2.13 webcolors-1.13
webencodings-0.5.1 websocket-client-1.7.0
wat@MacBook-Pro-wat ~ %
```

> 再びコマンドが入力できるようになる

Check Point

pip install でエラーが出る！

pip install コマンドを実行してもエラーが出る場合は、次の項目を確認しましょう。

・インターネットに繋がっているか

pip コマンドはインターネットに接続されている必要があります。Web ブラウザを立ち上げて確認しましょう。インターネットに繋がる状態でも、会社や組織、カフェ等のネットワーク設定でブロックされている可能性があります。その場合は別途ネットワーク管理者に問い合わせましょう。

・【Windows】インストール時に「Add python.exe to PATH」にチェックを入れたか

Windows の場合、「Add python.exe to PATH」にチェックを入れないとコマンドが使えません。図 1-1-3 を確認しましょう。

・【macOS】Install Certificates.command を実行したか

macOS の場合、「Install Certificates.command」をダブルクリックして証明書のインストールをしないとコマンドが使えません。図 1-1-12 を確認しましょう。

1-2-2 新しいノートブックを作ろう

JupyterLab のインストールが完了しました。いよいよ Python プログラミングを始めていきましょう。まずはブラウザ上でノートブックを作ります。

ここから先の操作内容は Windows と macOS で共通の内容です。紙面では Windows の画面を例に説明しますが、macOS を使用する場合は、コマンドプロンプトをターミナルに置き換えて読み進めてください。

ノートブックでプログラミングを行う場所は任意ですが、**本書ではデスクトップに「Python-Project」というフォルダを作って進めます**。「Python-Project」の中に、さらに「第 1 章」フォルダを作りましょう。

図 1-2-6 フォルダの作成

エクスプローラーで「第 1 章」フォルダに移動し、フォルダのアドレスをコピーします。そして、コマンドプロンプトで、次のコマンドを実行しましょう。

Command 1-2-3 フォルダの移動

```
1  cd コピーしたアドレス
```

図 1-2-7 カレントディレクトリの変更

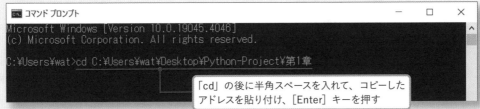

この操作をすることでコマンドプロンプトの**カレントディレクトリ**が変更されます。コマンドプロンプトやターミナルでは画面の左側に自分が今いる場所（カレントディレクトリ）のアドレスが記載されています。**cd コマンド**を使うことでこの場所を変更できます（cd は change directory の略）。

続いて、JupyterLab を起動するために、コマンドプロンプトで次のコマンドを実行します。

Command **1-2-4** JupyterLabの起動

```
1   jupyter lab
```

「jupyter」 と「lab」の間に半角スペースが入るのに注意！

図 1-2-8 JupyterLabの起動

「jupyter lab」と入力して [Enter] を押す

コマンドを実行すると、Web ブラウザ上で JupyterLab が起動します（普段使用している Web ブラウザが開かれます。本書では Google Chrome を使用します）。

次に「**Python 3（ipykernel）**」のアイコンをクリックしましょう。この操作で新しいノートブックが作られます。

図 1-2-9 Python 3ノートブックを開く

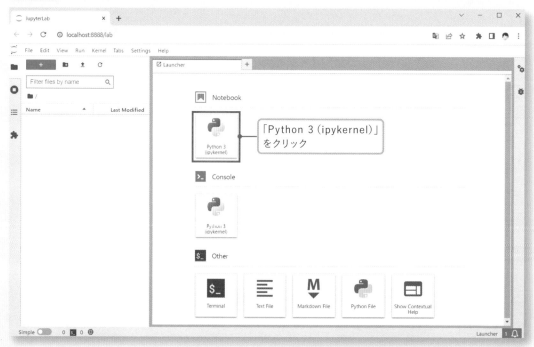

「Python 3 (ipykernel)」をクリック

1-2-3 画面構成を確認しよう

ノートブックを開いた後の画面構成について紹介します。現時点で必要な項目だけ見ていきましょう。

図 1-2-10 JupyterLabの画面構成

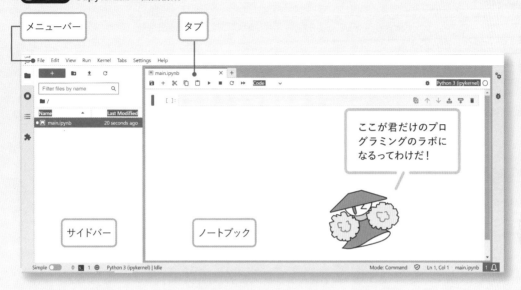

メニューバー

メニューバーはファイルの保存（「File」→「Save Notebook」）や行番号の表示（「View」→「Show Line Numbers」）、その他の設定やプログラムの実行など、多くの操作の起点になる部分です。

ファイルはプログラムを書くと自動保存されますが、突然ブラウザが落ちてしまったときなどに備えて自分で保存しておきましょう。

行番号を表示させると、自分の作業画面とこの本のコードを比較しやすくなるよ

サイドバー

サイドバーには作成したノートブックをはじめとした、ファイルの一覧が表示されます。サイドバーにファイルをドラッグ＆ドロップすることで、ノートブックがあるフォルダに必要なファイルを置くことも可能です。

タブ

複数のノートブックや各種ファイルの表示を**タブ**で切り替えることが可能です。

● ノートブック

ノートブックは実際にプログラミングをする部分です。初期状態で**セル**と呼ばれる入力項目が配置されており、この部分にプログラムを書きます。

図 1-2-11 セル

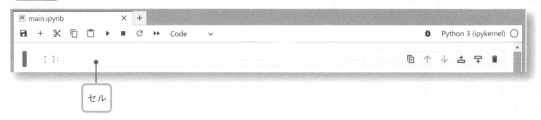

セル

1-2-4　ノートブック名を変更しよう

作成したノートブックはデフォルトで「**Untitled.ipynb**」と名前が付けられています。**ノートブックのファイル名はプログラムの内容がよくわかるようにしておくべき**です。ここではファイル名の変更をしてみましょう。

サイドバーに表示されているファイル名を右クリックして、「**Rename**」をクリックします。

図 1-2-12 ノートブックの名前を変更する

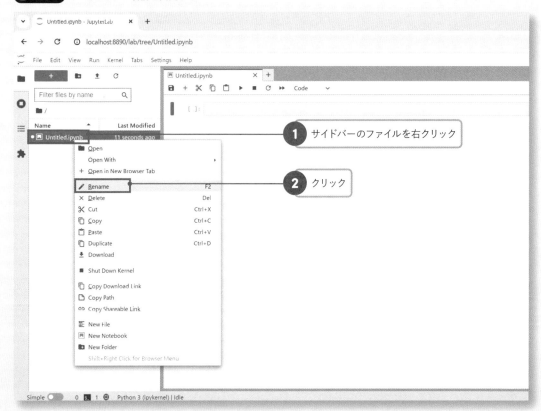

図 1-2-13 名前変更結果

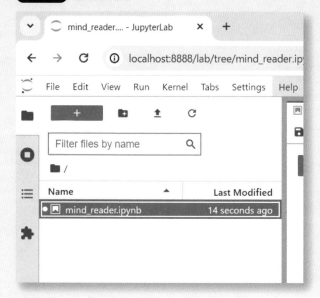

すると、ファイル名を編集できるように なります。ここでは「**mind_reader. ipynb**」としました。名前を入力したら [Enter] キーを押すことで確定されます。

ここからはmind_reader. ipynbを使ってプログラミングをしていくよ!

1-2-5 プログラムを書いてみよう

プログラムを実行しよう

さっそく、プログラムを書いていきましょう。コンピューターに複数の命令を行い目的の動作をさせるものをプログラムと呼びますが、その命令のためのテキストを「**コード**」と呼びます。

mind_reader.ipynb のセルに次のコードを入力し、「▶」ボタンをクリックしてプログラムを実行しましょう。

Code **1-2-1** print関数

```
1  print('Hello World!')
```

図 1-2-14 print関数

セルの下に「Hello World!」と表示されたら成功です。

図 1-2-15 print関数実行結果

```
[1]: print('Hello World!')
     Hello World!
```
実行結果が表示される

文字列が表示されたっ！

 これはprint関数の機能だよ。詳しくは下の解説を見てみてね

 print関数

　先ほど入力したコードはどのようなプログラムだったのでしょうか。print() は **print 関数**と呼ばれ、文字列や数値を表示させることができます。文字はシングルクォート（' ～ '）またはダブルクォート（" ～ "）で囲います。

●print関数の書き方

```
1   print('表示させたい文字列や数値')
```

Check Point

エラーが出ちゃった！

　プログラムには**エラーがつきもの**です。コードを間違えて書いてしまうと正常に動かずに、エラーが表示されて処理が止まります。エラーが表示されたときはその原因を特定し、解消するようにしましょう。

　Python では文字をシングルクォート（' ～ '）またはダブルクォート（" ～ "）で囲うことで、文字と認識します。例えば、次の図では「'」が 1 つ足りなかったため、それを示す**エラー文**（**SyntaxError**：構文エラー）が表示されています。正しい記述に修正して再度実行すれば、エラーが解消されます。

●エラーの例

```
[1]: print('Hello World!)
     Cell In[1], line 1
       print('Hello World!)
                          ^
SyntaxError: unterminated string literal (detected at line 1)
```

複数行のコードを書こう

ノートブックのセルにコードを書く際、セルの中で改行して書く場合と、新しいセルを追加して書く場合があります。次のコードを追加してみましょう。

Code **1-2-2** 複数行のコードを書く

```
1  print('Hello World!')
2  print('Hello Python!')  ← 追加
```

図 1-2-16 コードの実行

```
[1]:  print('Hello World!')
      print('Hello Python!')

      Hello World!
      Hello Python!
```

同じセルにコードを追加して▶ボタンで実行すると、結果がまとめて表示されます。

ノートブックの下の「**Click to add a cell.**」をクリックすると一番下にセルが追加されます。「Click to add a cell.」が表示されていない人はマウスカーソルを近づけると表示されます。また、タブの下の「+」ボタンをクリックすると現在選択されているセルの下に新しいセルが追加されます。現在選択されているセルには左側に青いハイライトマークがついています。

図 1-2-17 セルの追加

図 1-2-18 リスタート

新しく追加されたセルにコードを書くと、個別のセルごとに「▶」ボタンを押して実行結果を確認できます。また「▶▶」ボタンを押せば、すべてのセルを最初から実行（リスタート）することもできます。コードが複雑になってきたときは、セルを分割して細かく結果を確認しながら進めていくのがよいでしょう。

図 1-2-18 リスタート

図 1-2-19 セルの削除

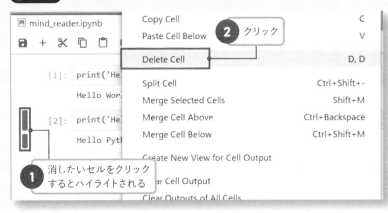

セルを削除するには、削除したいセルをクリックして青いハイライトマークを表示させてから、右クリックして表示されるメニューで「**Delete Cell**」をクリックします。

1-2-6 JupyterLabを終了しよう

図 1-2-20 JupyterLabの終了

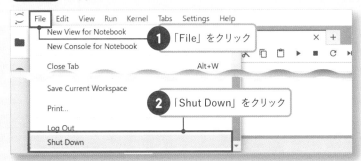

作業を終えるときはJupyterLab を終了しましょう。JupyterLab を終了するには、メニューバーから「**File**」→「**Shut Down**」をクリックします。

図 1-2-21 JupyterLab終了の確認

「**Shutdown confirmation**」ダイアログが表示されたら「**Shut Down**」をクリックします。

図 1-2-22 サーバーの停止表示

Server stopped

You have shut down the Jupyter server. You can now close this tab.

To use JupyterLab again, you will need to relaunch it.

「**Server stopped**」と表示され、ブラウザとコマンドプロンプトが閉じます。自動で閉じない場合は、ブラウザとコマンドプロンプトの「×」マークをクリックして手動で終了しましょう。

作業に疲れてきたらこまめに休憩しようね

1-2-7 前回終了したノートブックを開こう

図 1-2-23 既存のノートブックがあるフォルダ

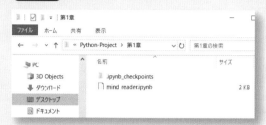

いつでも途中から作業を再開できるように、前回終了したノートブックを再度開く方法を習得しましょう。エクスプローラーで作成したノートブックがあるフォルダを開きます。

コマンドプロンプトを開き、次の cd コマンドを実行します。cd コマンドは**図 1-2-7** で行ったようにフォルダのアドレスをコピーして貼り付けましょう。

Command 1-2-5 フォルダの移動

```
1   cd コピーしたアドレス
```

図 1-2-24 カレントディレクトリの変更（コマンドプロンプト）

次に、jupyter lab コマンドを実行して JupyterLab を起動しましょう。

Command 1-2-6 JupyterLabの起動

```
1   jupyter lab
```

作業中のノートブックが保存された状態で、JupyterLab が起動します。前回作業していた .ipynb ファイルをダブルクリックすると、そのノートブックを開くことができます。

図 1-2-25 前回のノートブックを開く

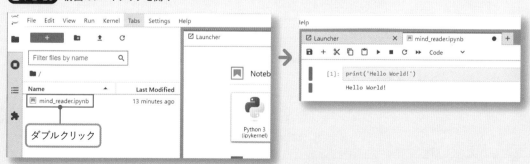

21

SECTION 1-3 「数当てられ」ゲームを作ろう

1-3-1 プログラムの全体像を確認しよう

Pythonのプログラムを書く準備が整いました。ここからは「**数当てられゲーム**」を作ってみましょう。「数当てられ」とは、ユーザーが思い浮かべた数字をプログラムが当てるということです。このゲームの作成を通じて、Pythonをはじめとした多くのプログラミング言語に共通する、プログラムの概念を学びましょう。

● プログラムの流れ

図 1-3-1 処理の流れの全体像

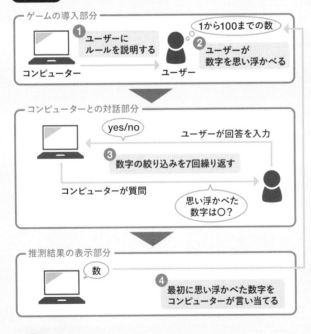

プログラムを書き始める前に、処理の大まかな流れを確認してみましょう。

まずはじめに「**ゲームの導入部分**」としてルールの説明や、後ほど学ぶ「**変数**」の準備を行います。ユーザーにはこの導入部分で、頭の中に1から100までの数字を思い浮かべてもらいます。

その後、ユーザーとコンピューターによる「**対話部分**」の処理を書きます。コンピューターからの質問に対して、ユーザーは「yes」もしくは「no」をキーボードから入力します。この処理回数には7回の制限を付けます。

最後にコンピューターの推測結果を知らせる、「**結果の表示部分**」でユーザーが思い浮かべた数字と一致しているかどうかを確かめます。

どうして質問は7回なのかなあ？

それは最後に種明かしをするよ。まずはゲームを作ってみよう！

1-3-2 ゲームの導入部を作ろう

最初にプログラムを実行した直後の導入部分を作ります。このゲームで何を遊ぶのかがわかるように、メッセージが表示されるようにしましょう。先ほどの処理の全体像の中では次の部分が該当します。

図 1-3-2 ゲームの導入部分

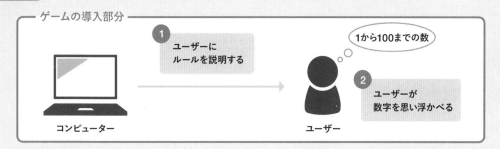

「**Hello World!**」を記載した mind_reader.ipynb ファイルを開き、既存のセルの内容を削除したら、次のコードを入力して実行しましょう。

Code 1-3-1 ゲームスタート

```
 print('Hello World!') ●── 削除
1  print('1 から 100 までの間で好きな数字を 1 つ思い浮かべてください。')
2  print('あなたの考えている数字を 7 回以内に当ててみましょう。')
```
追加

実行結果には、シングルクォートで囲んだ文字列が表示されます。

図 1-3-3 実行結果

```
[1]: print('1 から100 までの間で好きな数字を1 つ思い浮かべてください。')
     print('あなたの考えている数字を7 回以内に当ててみましょう。')

1 から100 までの間で好きな数字を1 つ思い浮かべてください。
あなたの考えている数字を7 回以内に当ててみましょう。
```

コンピューターが数字を絞り込む処理を作っていくための準備をします。先ほどのセルの末尾に、次のコードを追記します。

Code 1-3-2 変数の準備

```
2  print('あなたの考えている数字を 7 回以内に当ててみましょう。')
3
4  # low: 最小の数値、high: 最大の数値
5  low = 1
6  high = 100
7  print(low, high)
```
追加

> 「low」「high」が何を意味するのかは次のページで解説するよ!

23

　ここでは、コンピューターが正解の数字を探すための「探索活動に用いる道具」として「**変数**」を準備しています。変数とは、任意の値を入れておける名前付きの箱のようなものです。ここでは、変数 low と high にそれぞれ数値 1 と 100 を設定しています。

　変数の箱には、新しい値を何度も入れ直すことができます。詳しくは後半の解説で説明しますが、今回は low と high の値を処理の途中で上書きしながら、ユーザーが思い浮かべた数字を絞り込んでいきます。

変数って何？

　変数は、数値や文字列など任意の値を入れておける、名前付きの箱と説明しました。箱に値を入れるときは、次のようにコードを書きます（これを**代入文**と呼びます）。

● 変数の書き方

```
1   変数名 = 変数に入れる値
```

　プログラムの途中で、同じ値を何度も使う場合や、値の中身が変動する場合は、その値を変数に入れておくと便利です。今回のプログラムでは、プログラムが正解の数字を導くまでに何度も、推測範囲の「最大値」と「最小値」を参照したり、上書きしたりします。そこで、それぞれの値を変数「low」と「high」として用意しているのです。変数を用意することを「**変数を定義する**」とも呼びます。

　プログラムを実行すると、変数の値が出力されます。

実行結果

1 から 100 までの間で好きな数字を 1 つ思い浮かべてください。
あなたの考えている数字を 7 回以内に当ててみましょう。
1 100 ●—— 変数の値が出力される

変数lowとhighの中身が表示されたってことだね

コメントについて

　先ほどのコードで最初に「#」がある行の存在に気づきましたか？ Python では「#」の後に書かれた文章は、プログラムの処理には使用されません。このような行は「**コメント**」と呼ばれます。**コメント**は、プログラマーが自分のプログラムの説明を記録したり、他の人に向けた注意書きを残したりするために使われます。また、既存のコードを意図的にコメントにすることで、その行の処理を無効化させる使い方もあり、これを「**コメントアウト**」と呼びます。

●コメントアウト

```
1  print('この文字列は表示される')
2  # print('コメントアウトされているので、この文字列は表示されない')
```

1-3-3 　コンピューターと対話してみよう

1 　繰り返し質問をしよう

　次に、コンピューターに繰り返し質問させる処理を書きます。一度にすべての処理を書くのではなく、まずは「**コンピューターに7回質問させる処理**」だけを書きましょう。

図 1-3-4 コンピューターからの質問

　print 関数を使うことでコンピューターに7回質問をさせることができます。先ほどまでと同じセルの末尾に、次の print 関数を7個追加しましょう。

```
7   print(low, high)
8
9   print('質問1')
10  print('質問2')
11  print('質問3')
12  print('質問4')
13  print('質問5')
14  print('質問6')
15  print('質問7')
```

追加

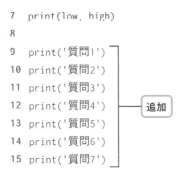

全体の実行結果は次のようになります。質問1〜質問7が順番に表示されました。

実行結果

1から100までの間で好きな数字を1つ思い浮かべてください。
あなたの考えている数字を7回以内に当ててみましょう。
1 100
質問1
質問2
質問3
質問4
質問5
質問6
質問7

print関数を7回書くことでコンピューターに質問をさせることができましたが、**forループ**による繰り返し処理を使ってもっと効率よく書いてみましょう。

forループって何？

for ループは回数の決まった繰り返し処理（ループ処理）を書く場合に使われるプログラムの書き方です。for 〜に続けて任意の変数と、ループ条件を書きます。また、range 関数を使うことでループ数を直接指定することもできます。そして、for 〜の次の行から行頭に**インデント**を付けて、繰り返す処理を書きます。インデントは「字下げ」という意味で、**通常は半角スペース4つ分の間隔を空けます**。

●forループの書き方

```
1   for 変数 in range( 繰り返す回数 ):
2       繰り返す処理
```

末尾にコロン（:）を入れる

半角スペースが4つ入る

先ほど書いた print 関数 × 7 を削除して、次のコードを追加しましょう。

Code **1-3-4** forループで繰り返し処理をする

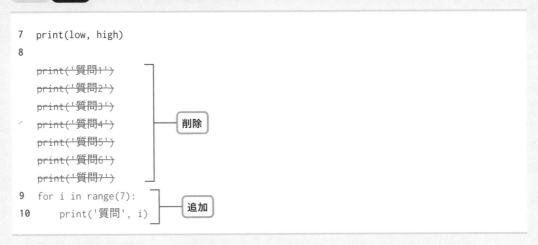

```
7    print(low, high)
8

     print('質問1')
     print('質問2')
     print('質問3')
     print('質問4')          削除
     print('質問5')
     print('質問6')
     print('質問7')
9    for i in range(7):      追加
10       print('質問', i)
```

Code 9～10行目 **forループで繰り返し処理をする**

i は任意の変数で range() の中に入っている 7 という数がループの数です。このコードを実行すると
i の数字が 0 から 6 まで変化して、計 7 回表示されます。

実行結果

1 から 100 までの間で好きな数字を 1 つ思い浮かべてください。
あなたの考えている数字を 7 回以内に当ててみましょう。
1 100
質問 0
質問 1
質問 2
質問 3
質問 4
質問 5
質問 6

何回も同じコードを書く
より、ずっと楽ちんだ～

インデントのエラーが出ちゃった！

for ループはインデントで字下げされた部分が繰り返し処理の対象になります。インデントの付け方を間違ってしまった場合は **IndentationError** というエラーが発生します。IndentationError はインデントを修正することで解消します。

◉ インデントエラー

```
[1]:  1  print('1から100までの間で好きな数字を1つ思い浮かべてください。')
      2  print('あなたの考えている数字を7回以内に当ててみましょう。')
      3
      4  # low:最小の数値、high:最大の数値
      5  low = 1
      6  high = 100
      7  print(low, high)
      8
      9  for i in range(7):
     10  print('質問',i)       ← インデントの付け忘れ

     Cell In[1], line 10
       print('質問',i)
       ^
                                                   エラーが表示される
IndentationError: expected an indented block after 'for' statement on line 9
```

② 数字を絞り込むための質問をしよう

これで質問を 7 回繰り返すことができるようになりました。次は、コンピューターが数字を絞り込んでいくために、質問の中身を具体的に作っていきましょう。まずは、先ほど設定した low と high の変数を使って、推測値を作ります。推測値は変数 low と high の中間値を設定します。次のコードを追加しましょう。

Code 1-3-5 コンピューターの推測値を計算

```
9   for i in range(7):
10      # コンピューターの推測値を確認
11      guess = (low + high) // 2          追加
12      print('あなたの数字は', guess, 'より大きいですか？（yes/no)')   ← print('質問', i)を変更
```

Code 11～12行目 推測値の計算

guess という新しい変数を定義します。「//」は切り捨て除算を意味し、ここでは **low** と **high** を足したものを 2 で割って小数点以下を切り捨てるという意味になります。

実行結果

```
1 から 100 までの間で好きな数字を 1 つ思い浮かべてください。
あなたの考えている数字を 7 回以内に当ててみましょう。
1 100
あなたの数字は 50 より大きいですか？ (yes/no)
あなたの数字は 50 より大きいですか？ (yes/no)
あなたの数字は 50 より大きいですか？ (yes/no)
あなたの数字は 50 より大きいですか？ (yes/no)
あなたの数字は 50 より大きいですか？ (yes/no)
あなたの数字は 50 より大きいですか？ (yes/no)
あなたの数字は 50 より大きいですか？ (yes/no)
```

こんな矢継ぎ早に質問されたら答える暇もないんだけど…

これからユーザーに回答させる部分を追加してみよう！

算術演算子

Python には以下の**算術演算子**（計算に使う記号）があります。数学の演算と同じと思えば、覚えやすいでしょう。

●主な算術演算子

加算	+	剰余（除算の余り）	%
減算	-	切り捨て除算	//
乗算	*	べき乗（2乗等）	**
除算	/		

③ 質問への回答を入力させよう

次はコンピューターからの質問に対して、ユーザーが回答を入力する処理を書いてみましょう。

図 1-3-5 コンピューターへの回答

回答を入力するために **input 関数** を追加しましょう。次のコードをセルの末尾に追加します。

Code 1-3-6 コンピューターへの入力

```
9   for i in range(7):
10      # コンピューターの推測値を確認
11      guess = (liw + high) // 2
12      print('あなたの数字は', guess, 'より大きいですか？ (yes/no)')
13      answer = input()  ●─── 追加
```

Code 13行目 文字を入力する

answer という変数を新しく定義し、**input()** と書きます。かっこの中には何も入力しなくても構いません。このセルを実行すると、四角い入力欄が表示されます。入力した内容が answer に代入されます。

図 1-3-6 入力欄

```
1から100までの間で好きな数字を1つ思い浮かべてください。
あなたの考えている数字を7回以内に当ててみましょう。
1 100
あなたの数字は 50 より大きいですか？ (yes/no)
↑↓ for history. Search history with c-↑/c-↓  ●─── 入力欄が表示される
```

入力欄に何か入力してみましょう。回答を入力しても質問文に変化はありませんが、あなたの入力がきっかけで次の質問が表示されれば、正常に動いています。7回入力すると実行終了です。

input関数

input 関数を使えばユーザーにキーボード入力を要求できます。input(' 何か入力してください ')のように書くことで、入力欄にメッセージを載せることも可能です。

● input関数を使用した様子

```
input('何か入力してください。')                           📋 ↑ ↓ 占 ⼦ 🗑
何か入力してください。 ↑↓ for history. Search history with c-↑/c-↓
```

4 数字を絞り込もう

あなたの回答によってコンピューターが数字を絞り込み、最終的にあなたの頭の中で思い浮かべた数字を当てるための処理を書いていきます。

図 1-3-7 コンピューターへの回答

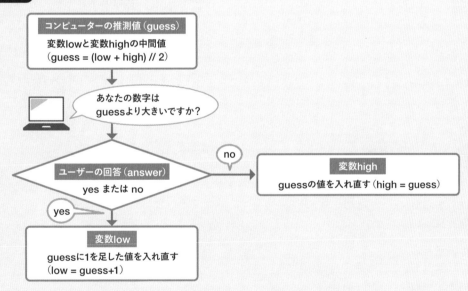

コンピューターはユーザーに対して「**思い浮かべた数字が、推測値（guess）より大きいかどうか**」を質問し、回答によって処理を分けます。

guess よりも大きい（yes）と回答が返ってきた場合、**変数 low の中身を「guess + 1（推測値に 1 を足した数）」の値で上書き**します。

逆に、回答が guess よりも小さい（no）と回答が返ってきた場合は、**変数 high の中身を「guess」の値で上書き**します。このように回答によって処理の内容を変えることを**条件分岐**と呼びます。

なるほどね！ つまり…えーっと…どういうこと？

図でイメージしてみよう！

条件分岐をイメージするために、思い浮かべた数字が「40」である場合と「60」である場合の処理の流れを考えてみましょう。

図1-3-8は2ループ目の回答によって得られる計算結果までを示していますが、どちらの場合もそれぞれ guess の値が回答によって変化しています。

図1-3-8 数字を絞り込む流れのイメージ

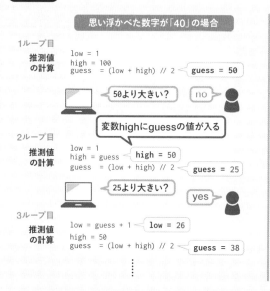

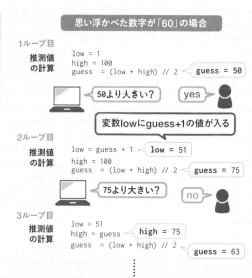

上の図で示した処理を、今度はコードで書いていきましょう。条件分岐の処理は **if 文**を使います。

if文って何？

if 文を使うことで条件分岐をさせることができます。if と合わせて **else** を使えば、条件に当てはまらなかったときの処理を指定できます。for ループと同じく、if と else を書いた行の最後にはコロン（:）を付けましょう。

●if文の書き方

```
1  if 条件式:
2      条件に一致した場合に実行する処理
3  else:
4      条件に一致しなかった場合に実行する処理
```

「条件式」には**比較演算子**を用います。Python の主な比較演算子には次の種類があります。

●Pythonの主な比較演算子

a == b	aとbが等しい	a > b	aがbよりも大きい
a != b	aとbが等しくない	a <= b	aがbよりも小さいか等しい
a < b	aがbよりも小さい	a >= b	aがbよりも大きいか等しい

セルの末尾に次のコードを追加しましょう。

Code `1-3-7` 条件分岐の追加

```
13      answer = input()
14
15      # ユーザーの答えにより分岐
16      if answer == "yes":
17          low = guess + 1
18      else:
19          high = guess
```

追加

Code `16〜19行目` **条件分岐による推定値の更新**

ユーザーの答えが yes かどうかを判別しています。ここでは yes 以外の返答は no と同じとしています。また、「〜より大きいですか？」と聞いているので、ユーザーは自分がはじめに思い浮かべた数字と一致していたら no と答えることになります。

1-3-4 ゲームを完成させて遊んでみよう

1 推測結果を表示させよう

最後にゲーム終了時の処理を追加します。次のコードを追加しましょう。

Code `1-3-8` 答え合わせ

```
9  for i in range(7):
10     # low と high が同じならループを抜ける
11     if low == high:
12         break
13
14     # コンピューターの推測値を確認
15     guess = (low + high) // 2
16     print('あなたの数字は', guess, 'より大きいですか？ (yes/no)')
17     answer = input()
18
19     # ユーザーの答えにより分岐
20     if answer == "yes":
21         low = guess + 1
22     else:
23         high = guess
24
25 print('あなたの考えている数字は', low, 'ですね！')
```

追加

追加

ユーザーの頭の中にある数字と回答によっては、早期にループが終了する場合があります。low と high の数値が同じであれば **break** を使って for ループを強制的に抜けます。

2 実際に遊んでみよう

プログラムが完成したね！ 何か好きな数字を思い浮かべて遊んでみよう！

うーん、それじゃ40にしてみよう！

頭の中の数字を 40 として、プログラムを最初から実行してみた結果がこちらです。プログラムはユーザーが思い浮かべた数字を見事に当てることができました。

図 1-3-9 実行結果の例（ノートブック画面）

```
[1]:    1  print('1 から100 までの間で好きな数字を1 つ思い浮かべてください。')
        2  print('あなたの考えている数字を7 回以内に当ててみましょう。')
        3
        4  # low: 最小の数値、high: 最大の数値
        5  low = 1
        6  high = 100
        7  print(low, high)
        8
        9  for i in range(7):
       10      # low とhigh が同じならループを抜ける
       11      if low == high:
       12          break
       13
       14      # コンピューターの推測値を確認
       15      guess = (low + high) // 2
       16      print('あなたの数字は', guess, 'より大きいですか？ (yes/no)')
       17      answer = input()
       18
       19      # ユーザーの答えにより分岐
       20      if answer == "yes":
       21          low = guess + 1
       22      else:
       23          high = guess
       24
       25  print('あなたの考えている数字は', low, ' ですね！')
```

```
1 から100 までの間で好きな数字を1 つ思い浮かべてください。
あなたの考えている数字を7 回以内に当ててみましょう。
1 100
あなたの数字は 50 より大きいですか？ (yes/no)
 no
あなたの数字は 25 より大きいですか？ (yes/no)
 yes
あなたの数字は 38 より大きいですか？ (yes/no)
 yes
あなたの数字は 44 より大きいですか？ (yes/no)
 no
あなたの数字は 41 より大きいですか？ (yes/no)
 no
あなたの数字は 40 より大きいですか？ (yes/no)
 no
あなたの数字は 39 より大きいですか？ (yes/no)
 yes
あなたの考えている数字は 40 ですね！
```

正解だあ！ でもどうして当てられるの？

次のページで種明かしをしてみよう！

数を当てられた種明かし

　順を追って、処理の内容を見てみましょう。最初のループでは、low と high の初期値である 1 と 100 のちょうど中間の 50 を推測値（変数 guess の中身）として、ユーザーに「思い浮かべた数字は 50 より大きいかどうか」を質問しました。

　今回は 40 を思い浮かべていたので、回答は「no」となります。すると、if 文に書いた条件分岐に従って、変数 high の中身が推測値である 50 で上書きされます。

　2 回目のループでは、推測値の計算式に、上書き後の high の値が使用されます。そのため、推測値は 25（(1+50) ÷ 2）となります（小数点以下は切り捨てられます）。すると今度は、「思い浮かべた数字は 25 より大きいか」という質問に対して、ユーザーの回答は「yes」となります。同じく条件分岐に従って、変数 low の中身は 26（25+1）で上書きされます。

　このように low と high をユーザーの答えによって更新していくと、変数 guess の中身は図 1-3-10 のような変化をたどることがわかります。

図 1-3-10　変数guessの数直線上における変化

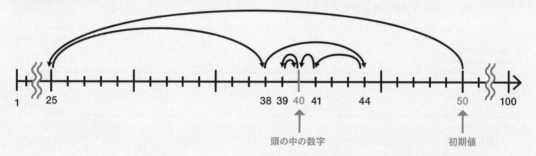

　このように探索のたびに範囲を半分にしていく方法を**二分探索**と呼びます。今回は、数を当てるためのプロセスに二分探索というアルゴリズム（問題を解決するための手順や方法）を使っていたということです。

　なぜ 7 回の質問で絞り込みができたのでしょうか？ ゲームの開始直後、正解の数は 1 ～ 100 までの 100 通りの可能性があります。しかし、二分探索によって**質問を 1 回するたびに探索範囲が半分になります**。

　つまり、

- 1 回目の質問後は、最大で 50 個の可能性
- 2 回目は、25 個
- 3 回目は、12 個か 13 個
- 4 回目は、6 個か 7 個
- 5 回目は、3 個か 4 個
- 6 回目は、1 個か 2 個
- 7 回目で、1 個

　…という流れで、100 個の数字の中から 1 つの正解を絞り込むことができます。ちなみに、2 を 7 回かけると 128 になり、128 が 100 より大きいという数学上の根拠もあります。

デバッグってどうやるの？

初心者がプログラミングを難しいと感じる要因にエラーがあります。エラーを解消するには、バグ（想定通りに動かなくなる原因）を取り除く作業であるデバッグを行う必要があります。

デバッグには様々な手法がありますが、「想定通りの動きをしているかどうか」を確認するには、print 関数で中身を確認するのが最も簡単な方法です。

計算結果が変数に代入された直後に print 関数を入れることで、計算結果が正しいかどうかを確認しています。

●変数の中身を確認する

```
1   a = 1
2   b = 2
3   c = a + b
4   print(c)  ←  変数の中身を確認する
```

実行結果

```
3
```

繰り返し処理の中で print 関数を使うことで、ループごとの変化を確認できます。変数の中身以外にも、リストの長さの確認も想定通りの動作をしているかの確認として有効です。

●forループの中でリストの長さを確認する

```
1   d = []
2   for i in range(5):
3       d.append(i*i)
4       print(i, len(d), d)  ←  ループ数, リストの長さ, リストの中身を確認する
```

実行結果

```
0 1 [0]
1 2 [0, 1]
2 3 [0, 1, 4]
3 4 [0, 1, 4, 9]
4 5 [0, 1, 4, 9, 16]
```

リストの中身

リストの長さ

ループ数

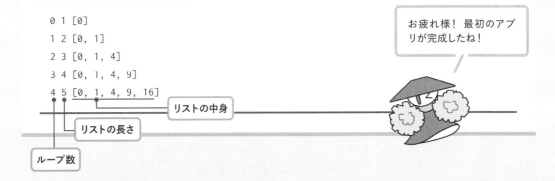

お疲れ様！最初のアプリが完成したね！

Chapter

2

ヒントを頼りに名探偵を目指せ！
「推理力測定ゲーム」

Chapter 2

この章で作成するアプリ

この章ではあなたの推理力を鍛える「ヒット&ブローゲーム」を作ります。
コンピューターが設定した「数字」を推理し、探し当てることで、
推理力を測定するゲームです。

```python
def check_hit_and_blow(secret, guess):
    """ユーザーの推測値と正解を比較して、ヒットとブローの数を返す"""

    #ヒットとブロー変数の初期化
    hit = 0
    blow = 0

    # ヒットのカウント（ヒット= 数字と位置が合っている）
    for i in range(len(secret)):
        if secret[i] == guess[i]:
            hit += 1
```

Check!

関数で効率的
プログラミング

プログラムの中で繰
り返し使う処理は
「関数」にまとめま
す

```
数当てゲームスタート！
私が1～9までの数値を使ってランダムな数を作ります。
あなたは1桁から9桁の桁数を指定してください。
何桁の数字でゲームをしますか？（1～9） ：  3

3桁の数字を入力してください 169
[1, 6, 9]
1回目の回答です。
ヒット=0，ブロー=2
```

Check!

ゲームの
難易度選択

推理する数の「桁
数」をユーザーが選
択できます。桁数が
多ければ多いほど、
推理が難しくなりま
す

```
3桁の数字を入力してください 816
[8, 1, 6]
8回目の回答です。
正解！ゲームクリアです！正解=[8, 1, 6]
8回で正解しました。
```

Check!

ヒントを頼りに数を推理

ヒント（ヒット、ブロー）を
もとに、コンピューターがラ
ンダムに設定した数を対話形
式で推理します

Roadmap
ロードマップ

SECTION 2-1 ゲームの難易度設定をしよう >P040

当てる数の桁数を決めるよ！

SECTION 2-2 正解の数を設定しよう >P046

遊ぶたびに数が変わるようにするよ！

SECTION 2-3 推理した数を入力しよう >P050

ユーザーの推測値を入力できるようにしよう

SECTION 2-4 正解判定をしよう >P054

推測値がはずれていたら、ヒントを出そう！

SECTION 2-5 結果発表をしよう >P063

ゲームクリア時のスコアを表示しよう！

FIN

Chapter 2

Point
──この章で学ぶこと──

☑ 終わりのわからない繰り返し処理には「whileループ」を使用する！

☑ Python標準ライブラリを使うことで複雑な処理が楽になる！

☑ コードの可読性向上のために「関数」を使う！

Go to the next page! →

ゲームの難易度設定を
しよう

2-1-1 ゲームの遊び方を確認しよう

　第2章では「**ヒット＆ブローゲーム**」という数当てゲームを作ります。ヒット＆ブローゲームは、一方のプレイヤーが決めた9桁までの数をもう一方のプレイヤーが当てるゲームです。第1章では、ユーザーが決めた数をコンピューターが当てましたが、今回は**コンピューターが決めた数をユーザーが当てます**。

　ユーザーがコンピューターに推測値を伝えると、コンピューターは推測値と正解の数字を比較し、数字と桁の位置が合っている「**ヒット**」の数と、数字は合っているが桁の位置が異なる「**ブロー**」の数を伝えてくれます。

図 2-1-1 ヒット&ブローゲームの遊び方

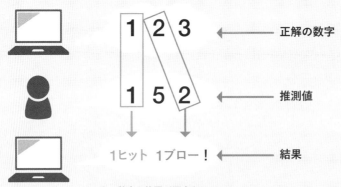

　ヒットが出ても、推測値のどの桁の数字がヒットだったかはわかりません。そのため、ユーザーはコンピューターとのやり取りから推理して、正解を導き出す必要があります。推理力が高ければ高いほど、少ないヒントで正解にたどり着けます。冴えた推理のできる名探偵を目指して遊んでみましょう。

目指せ、名探偵！

何回で正解できるかな？

2-1-2 プログラムの全体像を確認しよう

プログラムを書き始める前に、処理の流れの全体像を確認しましょう。

はじめに「**ゲームの導入部分**」として、ゲームの桁数を設定します。桁数が多いほど当てる数が多くなるので難易度が高くなります。

次に「**正解の設定部分**」です。1〜9の整数を組み合わせて正解の数字を作ります。毎回異なる正解となるよう、ランダムに整数が生成できるようにします。

次に「**推理・検証部分**」です。「正解の数字」はユーザーにはわからないようになっており、ユーザーは推測値を入力します。不正解の場合、ヒット数とブロー数を表示し、再度ユーザーに新しい数を入力させるという処理を、正解になるまで繰り返します。

最後に「**結果発表部分**」です。ユーザーが正解するまで推理と検証のループを繰り返し、正解したらループの数を表示させます。正解するまでの回答数が少ないほど推理力が高いということになるので、ループの数がゲームのスコアを意味します。

図 2-1-2 処理の流れ

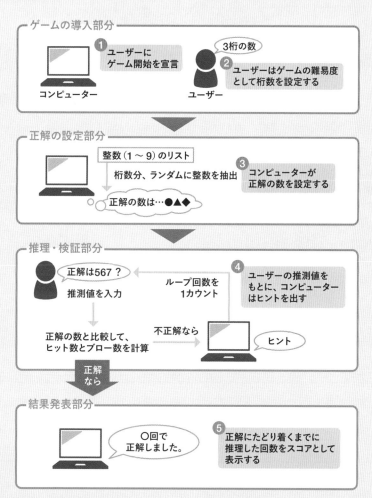

2-1-3　ゲームの導入を作ろう

1　ノートブックを新規作成しよう

　第1章でデスクトップに作成した「Python-Project」フォルダの中に、「**第2章**」フォルダを新規作成します。13ページと同じ操作で、新しいノートブックを作ってプログラミングができる状態にしましょう。ノートブックの名前は「**hit_and_blow.ipynb**」とします。

2　ゲーム開始の合図をしよう

　まず導入部分を作りましょう。ゲーム開始を宣言し、ユーザーにアクションを促します。

図 2-1-3　ゲーム開始の合図

　次の3つのprint関数を書きましょう。「#」からはじまるコメント行は実際には書かなくてもよいですが、コメントがあると後でコードを見返したときに処理の内容がわかりやすくなります。

Code 2-1-1　ゲーム開始

```
1  # ゲーム開始の説明
2  print('数当てゲームスタート！')
3  print('私が1〜9までの数値を使ってランダムな数を作ります。')
4  print('あなたは1桁から9桁の桁数を指定してください。')
```

追加

　こちらが実行結果です。print関数で文字が表示されることを確認しましょう。

実行結果

数当てゲームスタート！
私が1〜9までの数値を使ってランダムな数を作ります。
あなたは1桁から9桁の桁数を指定してください。

3 桁数入力部分を作ろう

次に、ゲームの難易度を表す「**桁数**」を入力できるようにします。

図 2-1-4 桁数（難易度）の設定

先ほどのコードに input 関数を追加します。

Code 2-1-2 桁数入力

```
1   # ゲーム開始の説明
2   print(' 数当てゲームスタート！')
3   print(' 私が１～９までの数値を使ってランダムな数を作ります。')
4   print(' あなたは１桁から９桁の桁数を指定してください。')
5
6   # 桁数入力
7   n = int(input('何桁の数字でゲームをしますか？（１～9）：'))    ── 追加
```

Code 7行目 **桁数の入力**

桁数の入力には input 関数を使っています。input 関数を int() で囲っていますが、これは変数の**データ型**を「文字列型から整数型へ変換する」処理です。

> input関数は数字が入力された
> としても「文字列型」となるよ！

データ型って何？

　データ型とは、データの種類のことです。Python ではデータ型を指定しなくてもプログラミングができます。しかし、すべての変数にはそれぞれデータ型があります。データ型が合わないとプログラムがエラーで停止することがあります。

●Pythonの主なデータ型

データ型	変換関数	例
整数型	int()	-1, 0, 2
浮動小数点型	float()	-1.0, 0.0, 0.01
文字列型	str()	'文字', '1', '1.0'

　このコードを実行することで、キーボードからの入力を受け付けるようになります。数字を入力したら、[Enter] キーを押して確定させましょう。

実行結果

数当てゲームスタート！
私が 1 ～ 9 までの数値を使ってランダムな数を作ります。
あなたは 1 桁から 9 桁の桁数を指定してください。
何桁の数字でゲームをしますか？（1 ～ 9）：3 ●━━━ ユーザーが桁数を入力する

　しかし、このままでは範囲外の数（10 など）も入力できてしまいます。そこで、1 ～ 9 の数が入力されるまで、同じ処理を繰り返せるように **while ループ**を使ったコードに修正しましょう。

whileループ

　while ループとは、条件式が真（True）のときに同じ処理を繰り返す制御構文（プログラムの書き方）のことです。条件式が偽（False）になるとループを終了します。while を書いた行の末尾に「:」を付けたり、処理部分にインデントによるスペースを設けるのは、for ループや if 文と同様です。**何回目で条件を満たすのかがわからない場合には while ループが使用されます。**

●whileループの書き方

```
1   while 条件式 :
2       繰り返したい処理
```

コードを次のように修正します。while文とif文には、半角スペース4つのインデントを忘れないようにしましょう。

Code **2-1-3** 桁数入力部分

```
4    print(' あなたは1桁から9桁の桁数を指定してください。')
5
6    # 桁数入力
7    while True:          ●──[追加]
8        n = int(input(' 何桁の数字でゲームをしますか？（1～9）：'))
9                              [while文のインデントを追加]
10       # 1～9の入力がされたらループを抜ける
11       if 1 <= n <= 9:
12           break        ──[追加]
13       print('1～9の数字を入力してください。')
                              [if文のインデント]
```

Code **7～13行目** **ユーザー入力**

「**while True:**」は繰り返しの条件が常にTrueになる無限ループです。「**if 1 <= n <= 9:**」でinput関数によって入力された数が1～9の範囲にあるか判定し、範囲内であれば「**break**」で強制的にループを抜けます。

ここまでのコードを実行してみましょう。10や0、大きな値を入力すると再度「1～9の数字を入力してください」と表示されます。1～9の数を入力してループが止まれば成功です。

図 2-1-5 処理の流れ

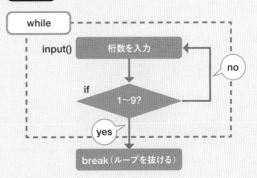

実行結果

```
何桁の数字でゲームをしますか？（1～9）：10
1～9の数字を入力してください。
何桁の数字でゲームをしますか？（1～9）：0
1～9の数字を入力してください。
何桁の数字でゲームをしますか？（1～9）：100
1～9の数字を入力してください。
何桁の数字でゲームをしますか？（1～9）：3 ●──[1～9の数字を入力すると処理が終了する]
```

SECTION 2-2 | 正解の数を設定しよう

2-2-1 ランダムな数を作ろう

次に、ユーザーの推理対象となる「正解の設定部分」を作りましょう。毎回違う数となるように、ランダムな整数を作ります。

1 整数リストを作ろう

ヒット＆ブローゲームでは 1 ～ 9 の整数を使います。まずは整数を用意するために、整数の入れ物となる**リスト**を用意しましょう。

図 2-2-1 整数リスト

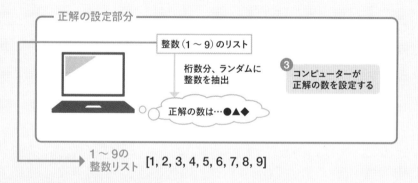

リストとインデックス

リストとは、複数の値を順序付けて格納することができるデータ構造のことです。数以外にも、文字列など様々なデータ型を角かっこ（[]）でまとめることができます。

リストからデータを参照するためには、データの**インデックス**を指定します。インデックスは「データの番地、通し番号」のようなものです。ただし、**インデックスは 0 から数え始める**点に注意しましょう。例えば「fruits=[' りんご ',' みかん ',' バナナ ']」というリストの場合、「fruits[0]」とインデックスに 0 を指定すると、' りんご ' を指定したことになります。

●リストデータの参照方法

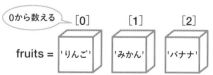

numbers というリストをコードの末尾に追加します。

Code `2-2-1` 整数リスト

```
13      print('1～9の数字を入力してください。')
14
15  # 正解の数
16  numbers = [1, 2, 3, 4, 5, 6, 7, 8, 9]        ]─ 追加
```

2 標準ライブラリを使おう

それでは作成したリストの中から、整数をランダムに選んでみましょう。ランダムに選んだ整数を別のリストに抽出することで、ゲームを遊ぶたびに異なる正解の数字を設定できます。

図 2-2-2 ランダムに値を抽出する

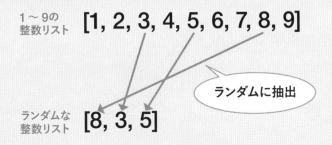

ランダムにデータを選択するためには、Python の**標準ライブラリ**を使います。第1章でも触れましたが、ライブラリは便利な機能をひとまとめにしたファイル群のことです。

ここでは標準ライブラリの１つである **random** を使います。次のコードを追記してください。

Code **2-2-2** ランダムにデータを選択する

```
1   import random ●━━[ コードの先頭に追加 ]
2
3   # ゲーム開始の説明
```

```
17  # 正解の数
18  numbers = [1, 2, 3, 4, 5, 6, 7, 8, 9]
19  secret_numbers = random.sample(numbers, n) ●━━[ 追加 ]
```

Code　1行目　**標準ライブラリのimport**

　ランダムな数（乱数）は、標準ライブラリの中から**モジュール**を読み込んで（import して）扱います。まずは、これまでのコードの先頭に「import random」を追加し、random モジュールを使えるようにしましょう。

Code　19行目　**ランダムに選択する**

　random を import すると **random.sample** を使えるようになります。random.sample はリストと個数を設定することで、リストの中から指定した個数の値をランダムに選べます。ここでは numbers というリストから n 個の値をランダムに選択し、**secret_numbers** という新しいリストに入れています。

標準ライブラリとモジュール

　モジュールとはコードをまとめたファイルのことで、モジュールをまとめたものを**パッケージ**と呼びます。モジュールやパッケージの構成にはいろいろなパターンがありますが、それらを総称してライブラリと呼びます。
　Python には数学関係の計算、ファイル処理、ネットワーク通信といった、数多くの機能をまとめた標準ライブラリがあります。「**import モジュール名**」と書くことで便利な機能を簡単に使う準備ができます。

●ライブラリからモジュールのイメージ

ランダムな数が作られているか、確かめてみましょう。セルの末尾に次のコードを追加してください。

Code `2-2-3` ランダムな数の生成の確認

```
19  secret_numbers = random.sample(numbers, n)
20  print(secret_numbers)  ●────────  追加
```

実行して桁数を入力すると、ランダムに整数が抽出されたリストの中身が表示されるはずです。実行するたびに毎回違う値になる結果を確かめたら、20行目のprint関数は削除してください。

図 2-2-3 リストの数が変わる

3桁の数字を指定したとき

```
17  # 正解の数
18  numbers = [1, 2, 3, 4, 5, 6, 7, 8, 9]
19  secret_numbers = random.sample(numbers, n)
20  print(secret_numbers)
```
数当てゲームスタート！
私が1～9までの数値を使ってランダムな数を作ります。
あなたは1桁から9桁の桁数を指定してください。
何桁の数字でゲームをしますか？（1～9）： 3
[1, 4, 3]

4桁の数字を指定したとき

```
17  # 正解の数
18  numbers = [1, 2, 3, 4, 5, 6, 7, 8, 9]
19  secret_numbers = random.sample(numbers, n)
20  print(secret_numbers)
```
数当てゲームスタート！
私が1～9までの数値を使ってランダムな数を作ります。
あなたは1桁から9桁の桁数を指定してください。
何桁の数字でゲームをしますか？（1～9）： 4
[2, 5, 1, 7]

確認のためにprint関数を追加

確認のためにprint関数
を使うのはデバッグって
やつだね！

忘れている人は36ページ
を見てみよう！

SECTION 2-3 | 推理した数を 入力しよう

2-3-1 入力した回数をカウントしよう

　次は、ユーザーが推測値を入力できるようにしましょう。また、入力した回数をカウントし、ゲームの終了時にスコアとして表示できるようにします。

図 2-3-1 予測値の入力とループ数のカウント

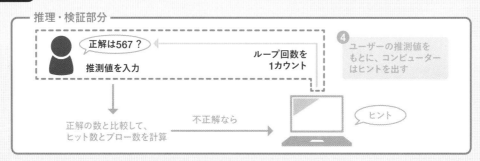

先ほどまでのコードの末尾に、次のコードを追加しましょう。

Code 2-3-1 入力回数のカウント

```
17  # 正解の数
18  numbers = [1, 2, 3, 4, 5, 6, 7, 8, 9]
19  secret_numbers = random.sample(numbers, n)
20
21  # 試行回数を初期化
22  trial_count = 0
23
24  # ユーザーから推測した数字を受け取って正解するまでループを回す
25  while True:
26      guess_number = input(f'{n}桁の数字を入力してください ')
27
28      # 試行回数をカウントアップ
29      trial_count += 1
30      print(f'{trial_count}回目の回答です。')
```

追加

Code　22、29行目　試行回数の設定

試行回数を表す変数 **trial_count** は初期値 0 を設定し、while ループの中で**カウントアップ**（1 ずつ数を増やしていくこと）します。「trial_count += 1」は「trial_count = trial_count + 1」と書くことと同じで、変数 trial_count の中身に 1 を足した値を、再度同じ変数に代入しています。

Code　26行目　f-string

print 関数の中で変数の値を表示させる方法に **f-string** があります。ここでは f-string を使いユーザーの入力した桁数 n によって文章を変えています。

f-string

input() の中で文字列を示す「' '」の外に「**f**」という文字が書いてあること、そして文字列の中に「**{n}**」と書いてあることに気づいたでしょうか。これは **f-string（f 文字列）** と呼ばれる書き方で、f と {}（プレースホルダー）を使用して変数や式の計算結果と文字列を組み合わせています。

今回のプログラムでは、「〇桁の数字を入力してください」や「〇回目の回答です」という出力結果の「〇」に該当する部分は、ユーザーの操作結果によって変わります。このように出力する内容のうち、文字列の部分は固定し、数字の部分だけを変えたい場合などに f-string は活用できます。

このコードを実行すると、ユーザーが推測値を入力して［Enter］キーを押すたびに、回答の回数が表示されるようになります。

実行結果

```
3 桁の数字を入力してください 123
1 回目の回答です。
3 桁の数字を入力してください 456
2 回目の回答です。
3 桁の数字を入力してください 789
3 回目の回答です。
```

図 2-3-2 ループの停止方法

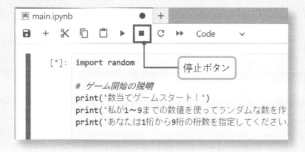

数字を入力するたびに trial_count がカウントアップされていくことを確認できますが、まだ無限ループの状態になってしまっています。カウントアップが確認できたら、プログラムを停止するために「■」の停止ボタンをクリックしましょう。

停止ボタンをクリックすると「KeyboardInterrupt」という文字から始まる文章が表示されますが、コードが間違っているのではないので安心してください。

2-3-2 文字列を整数リストに変換しよう

図 2-3-3 文字列を整数リストに変換

変数 **guess_number** に入っているユーザーが入力した推測値は、まだ文字列型の状態です。コンピューターが数字だと認識できるように整数のリストに変換しましょう。

文字列を整数のリストに変換するために、以下のコードを追加しましょう。

Code **2-3-2** リストへ変換

```python
24 # ユーザーから推測した数字を受け取って正解するまでループを回す
25 while True:
26     guess_number = input(f'{n}桁の数字を入力してください ')
27
28     # 入力を整数のリストに変換
29     guess_list = []
30     for char in guess_number:
31         guess_list.append(int(char))
32     print(guess_list)
33
34     # 試行回数をカウントアップ
35     trial_count += 1
```

追加（29〜32行目）

Code 30〜31行目　リストへ要素を追加

　for ループで、in に続けて文字列（今回は変数 guess_number）を設定すると、その文字列の文字を順番に 1 つずつ変数に入れられます。例えば guess_number が '123' の場合、新しく設定した変数 **char** には最初のループで '1'、2 回目のループで '2'、3 回目のループで '3' が入ります。どんな桁の文字列でも、桁数分の文字列を数値に変換することができるように for ループで文字を分割したということです。そして **.append()** という書き方を使って、リスト **guess_list** に int() で文字列から変換した整数を追加します。

.append()の使い方

　.append() を使うとリストの末尾に要素を追加できます。 下図は fruits というリストに strawberry の値を追加した「fruits.append(strawberry)」の場合の実行例です。

●.append()の概要

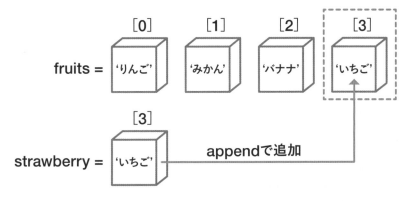

　プログラムを実行してみましょう。入力した数が print(guess_list) で整数のリストとして表示されれば成功です。確認が終了したら、停止ボタン「■」をクリックして無限ループを終了させましょう。

実行結果

```
3 桁の数字を入力してください 123
[1, 2, 3]●━━━━━━━━━ 追加される
1 回目の回答です。
```

2-4 正解判定をしよう

2-4-1 推測値と正解の数を比較しよう

次に推理した推測値と正解の数を比較する部分を作りましょう。

1 関数を作ろう

推測値はユーザーが何度も入力するものです。繰り返し使用する処理は、**関数**という形にまとめると、プログラムのコードをすっきりとまとめられます。

図 2-4-1 推理した数と正解の比較

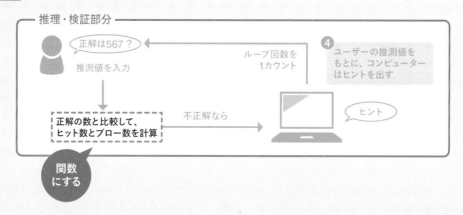

関数は数学で習ったことあるけど…

数学の関数とプログラミングの関数の考え方は似ているよ!

関数って何？

　関数とは、複数の処理をひとまとめにして、プログラムの中で繰り返し呼び出し可能にしたものです。関数には**引数**と**戻り値**という重要な要素があります。関数に引数を渡して処理を行い、その結果として戻り値を返すという使い方をします。

　関数は、まず処理の内容を「**定義**」し、使いたい箇所で「**呼び出し**」を行います。関数の定義は次のようにコードを書きます。**def** というキーワードは define（定義する）という英語の略です。

●関数の書き方

```
1  def 関数の名前 ( 引数 ):
2      関数の中で実行する処理
3      return 戻り値
```

　プログラムにおける関数は、数学で扱う関数の考え方と似ています。下図は関数 f(x) に引数 x=1 を渡して、f(x)=2x という式の計算結果を戻り値として得る流れを示しています。

●関数の概要

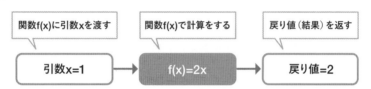

　この処理を Python で書くと次のようになります。関数は同じですが、x の値によって実行結果が変わります。

●xが1の場合

```
1  def f(x):
2      y = 2 * x
3      return y
4  x = 1
5  print(f(x))
```

実行結果

```
2
```

●xが2の場合

```
1  def f(x):
2      y = 2 * x
3      return y
4  x = 2
5  print(f(x))
```

実行結果

```
4
```

これまで使ってきたprint()、input()も関数だよ！

55

関数を定義しましょう。具体的な処理の中身は後から追加するので、まずは入れ物だけ用意するイメージです。import文の後に次のコードを追加します。**check_hit_and_blow()** という関数を追加しています。

Code **2-4-1** 関数の配置

```
1   import random
2
3   def check_hit_and_blow():
4       """ユーザーの推測値と正解を比較して、ヒットとブローの数を返す"""
5       return
6
7   # ゲーム開始の説明
8   print('数当てゲームスタート！')
```

追加

docstringでコメントを残しておく

　Code2-4-1を見ると、関数 check_hit_and_blow() の直下に「""" ～ """」で示されたコメントがありますが、これは **docstring（ドックストリング）** と呼ばれるドキュメントです。
　docstring に関数がどのような動作をするのかを説明するコメントを書いておくと、自分が後で見直したときにわかりやすいです。

これから関数の中身を
書いていこう！

② 引数と戻り値を設定しよう

check_hit_and_blow 関数は、引数に正解の数のリスト「**secret**」と推測値のリスト「**guess**」を受け取って、ヒット数「**hit**」とブロー数「**blow**」を戻り値として返す関数にします。まずは引数と戻り値の設定を行うために、次のコードを追加しましょう。

Code **2-4-2** 関数の引数と戻り値の設定

```
1   import random
2
3   def check_hit_and_blow(secret, guess):     ← 引数を追加
4       """ユーザーの推測値と正解を比較して、ヒットとブローの数を返す"""
5
6       # ヒットとブロー変数の初期化
7       hit = 0                                 ← 追加
8       blow = 0
9
10      return hit, blow                        ← 戻り値を追加
11
12  # ゲーム開始の説明
13  print('数当てゲームスタート！')
```

Code　3行目　**引数の追加**

check_hit_and_blow 関数に引数 secret と guess を設定します。複数の引数を設定するためにはカンマ (,) で区切ります。

Code　7〜8行目　**変数の設定**

変数 hit と blow をこの関数の中で定義します。それぞれ初期値は 0 とします。hit と blow の中身がそれぞれヒット数とブロー数となります。

Code　10行目　**戻り値の設定**

return の後に半角スペースを空けて hit と blow という戻り値を設定します。複数の戻り値を設定するためにはカンマ (,) で区切ります。

続いて、2個目の while ループの末尾に、関数を呼び出して実行するためのコードを追加します。

Code **2-4-3** 関数の実行

```
33  # ユーザーから推測した数字を受け取って正解するまでループを回す
34  while True:
35      guess_number = input(f'{n} 桁の数字を入力してください ')
```

```
43      # 試行回数をカウントアップ
44      trial_count += 1
45      print(f'{trial_count} 回目の回答です。')
46
47      # ユーザーの推測値を正解と比較し、ヒット数とブロー数を返す
48      hit, blow = check_hit_and_blow(secret_numbers, guess_list)      ┐ 追加
49      print(f' ヒット ={hit}, ブロー ={blow}')                          ┘
```

Code 48〜49行目 **関数の実行**

この行で check_hit_and_blow 関数を呼び出しています。そして、「hit, blow =」と書くことでヒット数とブロー数を受け取ります。

コードを実行してヒットとブローの数が表示されれば成功です。まだヒット数やブロー数を計算していないので、どんな値を入力しても 0 が表示されます。実行結果を確認したら、「■」ボタンでループを停止させましょう。

実行結果

```
3 桁の数字を入力してください 123
[1, 2, 3]
1 回目の回答です。
ヒット = 0 , ブロー = 0 ●── ここが追加される
```

58

2-4-2 ヒット数とブロー数を計算しよう

1 ヒット数を計算しよう

　続いて、ヒット数をカウントする部分のプログラムを書きます。ヒット数はユーザーの推測値が入った guess リストと正解の数が入った secret リストです。i 番目の数を 1 つずつ比較し、位置と値が合っていればカウントアップします。

図 2-4-2　ヒット数の計算

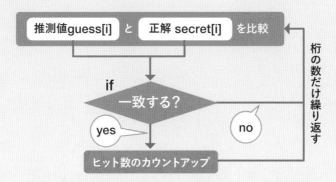

　この文章をプログラムに落とし込むために、処理の流れを考えてみましょう。任意の桁数でループを回し、1 ループごとに guess リストと secret リストから 1 つずつ値を抽出して比較します。値が一致したということは位置も一致していることになるので、**値が一致したらヒット数のカウントアップを行い、そうでない場合は何もしません。**

　具体例で考えます。guess=[1, 2, 3]、secret=[5, 2, 1] の場合、どのような処理の流れになるのかシミュレーションしてみます。下表はループごと（ループ数を示す i は 0 からはじまる）のデータ変化を示しています。この場合は 2 番目のループ（i=1）のときだけヒット数をカウントアップします。

図 2-4-3　ヒット数カウントの具体例

guess＝[1, 2, 3]　secret＝[5, 2, 1]の場合の状態例

i	guess[i]	secret[i]	判定	行動
0	1	5	不一致	何もしない
1	2	2	一致	hit += 1
2	3	1	不一致	何もしない

それでは、コードを書いていきましょう。check_hit_and_blow 関数の中に、次のコードを追加します。

Code 2-4-4 ヒット数の計算

```
3    def check_hit_and_blow(secret, guess):
4        """ユーザーの推測値と正解を比較して、ヒットとブローの数を返す"""
5
6        # ヒットとブロー変数の初期化
7        hit = 0
8        blow = 0
9
10       # ヒットのカウント（ヒット＝数字と位置が合っている）
11       for i in range(len(secret)):
12           if secret[i] == guess[i]:
13               hit += 1
14
15       return hit, blow
```

追加

Code 11行目 **len関数で長さを計測**

for 文によって、正解である secret の桁数分、ループ処理を行います。桁数はユーザーが任意で設定できるため、**len 関数**でリストのサイズを取得します。リストには桁数分の数字が入っているため、リストのサイズを取得することで桁数の情報を取得したことになります。

Code 12〜13行目 **カウントアップ**

ユーザーが入力した推測値と一致していればカウントアップ（hit += 1）します。secret[i] == guess[i] とすることで、それぞれのリストから同一のインデックスの値を抽出して比較します。

len関数で長さを測定する

len 関数を使うと文字列やリストの長さを取得できます。こちらは文字列とリストの長さを調べるコードです。どちらも 5 が出力されます。

●文字列の長さを調べる

```
1  s = " こんにちは "
2  print(len(s))
```

●リストの長さを調べる

```
1  my_list = [10, 20, 30, 40, 50]
2  print(len(my_list))
```

2 ブロー数を計算しよう

　次は、ブロー数の計算をするプログラムです。推理した数を入力してヒット数とブロー数がセットで計算されると、ユーザーは結果を受けて正解の数を推理できるようになります。

　処理の流れを**図 2-4-4** に示します。推測値と正解でいくつの数が重複しているかを計算するために、正解のリスト secret から 1 つだけ数を抽出し、num という新しい変数に格納します。

　次に、その num が推測値のリスト guess の中に存在するかを確認し、存在したら重複数をカウントアップ、そうでない場合は何もしません。

　あくまで重複数はヒットであるかブローであるかはわからないので、**最後に重複数からヒット数を引いた値をブロー数とします。**

図 2-4-4 ブロー数の計算

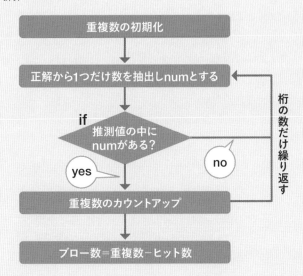

ブロー数の計算を行う一連のコードを追加しましょう。

Code 2-4-5 ブローの計算

```
10    # ヒットのカウント（ヒット＝数字と位置が合っている）
11    for i in range(len(secret)):
12        if secret[i] == guess[i]:
13            hit += 1
14
15    # 重複数のカウント
16    hit_and_blow = 0
17    for num in secret:
18        if num in guess:
19            hit_and_blow += 1
20
21    # ブロー＝重複数からヒット数を引く
22    blow = hit_and_blow - hit
23
24    return hit, blow
```

追加（15〜22行目）

Code 16〜19行目 **重複数の計算**

17 行目の「for num in secret：」で secret リストの値が 1 つずつ num に格納され、処理が繰り返されます。num の値が推測値 guess に入っているかどうかは「num in guess」で確認し、入っていれば True となり hit_and_blow がカウントアップされます。

図 2-4-5 重複数カウントの具体例

guess＝[1, 2, 3]　secret＝[5, 2, 1]の場合の状態例			
num	guess	重複	行動
5	[1, 2, 3]	なし	何もしない
2	[1, 2, 3]	あり	hit_and_blow += 1
1	[1, 2, 3]	あり	hit_and_blow += 1

Code 22行目 **ブロー数の計算**

重複数にはヒット数とブロー数の両方が含まれているため、hit_and_blow から hit を引いた数がブロー数 blow になります。

SECTION 2-5 結果発表をしよう

2-5-1 結果発表部分を作ろう

　それでは最後に、推測値を入力した回数をスコア結果として表示する機能を追加して、ゲームを完成させましょう。

図 **2-5-1** 結果発表部分

　既に毎回のループでヒット数とブロー数を表示させていましたが、ユーザーが推理した数字と正解が一致したらゲームが終了するようにコードを書き替えましょう。

Code **2-5-1** 結果発表機能の追加

```python
61    # ユーザーの推測値を正解と比較し、ヒット数とブロー数を返す
62    hit, blow = check_hit_and_blow(secret_numbers, guess_list)
      print(f' ヒット ={hit}, ブロー ={blow}')
63
64    # 結果表示
65    if hit == n:
66        print(f' 正解！ゲームクリアです！正解={secret_numbers}')
67        print(f'{trial_count} 回で正解しました。')
68        break
69    else:
70        print(f' ヒット={hit}, ブロー={blow}')
```

追加　移動

Code 65〜70行目 結果発表機能の追加

ヒット数と桁数が一致したら、すべての数字を当てられたことになり、ゲームクリアとなります。ゲームクリア時の結果発表の処理を if 文で追加します。先ほど、ヒット数とブロー数を表示させていた print 関数は else の項目に移動させることで、ゲームクリアではない場合にヒントを表示させる役目を持たせます。

2-5-2 遊んでみよう

これでコードは完成です。さっそく、遊んでみましょう。

1 桁数を入力する

コードを最初から実行すると、まずゲームの桁数入力を求められます。最初は 3 桁くらいから始めるのがよいでしょう。図 2-5-2 は実際の JupyterLab の画面です。

図 2-5-2 ノートブックにおける桁数入力画面例

```
61      # ユーザーの推測値を正解と比較し、ヒット数とブロー数を返す
62      hit, blow = check_hit_and_blow(secret_numbers, guess_list)
63
64      # 結果表示
65      if hit == n:
66          print(f'正解！ゲームクリアです！正解={secret_numbers}')
67          print(f'{trial_count}回で正解しました。')
68          break
69      else:
70          print(f'ヒット={hit}, ブロー={blow}')
```

```
数当てゲームスタート！
私が1〜9までの数値を使ってランダムな数を作ります。
あなたは1桁から9桁の桁数を指定してください。
何桁の数字でゲームをしますか？（1〜9）：3
```

2 推測値を入力する

次にユーザーが推測値を入力します。まだ初回で何もヒントがないので、最初は適当に3桁の数を入力します。

図 2-5-3 ノートブックにおける入力例①

```
3桁の数字を入力してください 169
[1, 6, 9]
1回目の回答です。
ヒット=0, ブロー=2
```

「169」と入力してみたところ、いきなりブロー数が2あることがわかりました（正解は遊ぶたびにランダムに変わるので、この結果はあくまで参考です）。

どの数字を残すか…迷うな〜

図 2-5-4 ノートブックにおける入力例②

```
3桁の数字を入力してください 193
[1, 9, 3]
2回目の回答です。
ヒット=0, ブロー=1
```

ここからが推理の時間です。169の中から1と9を残し193としたところ、ブロー数は1つに減りました。

6を外したらブロー数が減っちゃった。ということは6が正解の中にあったのかな？

図 2-5-5 ノートブックにおける入力例③

```
3桁の数字を入力してください 163
[1, 6, 3]
3回目の回答です。
ヒット=0, ブロー=2
```

今度は6を戻し、9を外して163とすると結果はブロー数が2に戻りました。

やっぱり6は必要だったみたい！そして9を外してもブロー数が2だから、1も必要かも？

図 2-5-6 ノートブックにおける入力例④

```
3桁の数字を入力してください 316
[3, 1, 6]
4回目の回答です。
ヒット=2，ブロー=0
```

1と6の位置をずらして316とすると、今度はブロー数が0、ヒット数が2に変わりました。

これで1と6の位置が決まったぞ！ あとは残りの数で総当たりだー！

図 2-5-7 ノートブックにおける入力例⑤

```
3桁の数字を入力してください 416
[4, 1, 6]
5回目の回答です。
ヒット=2，ブロー=0
```

```
3桁の数字を入力してください 516
[5, 1, 6]
6回目の回答です。
ヒット=2，ブロー=0
```

```
3桁の数字を入力してください 716
[7, 1, 6]
7回目の回答です。
ヒット=2，ブロー=0
```

```
3桁の数字を入力してください 816
[8, 1, 6]
8回目の回答です。
正解！ゲームクリアです！正解=[8, 1, 6]
8回で正解しました。
```

416 → 516 → 716 → 816 と打ち込んでいくと、816で正解となりました。

今回は8回目で正解にたどり着けました。この数字が少なければ少ないほど推理力が高いことを意味します。このプログラムで論理的思考力を鍛えて名探偵を目指しましょう！

やった！ 当たった！

4桁以上の数の推理にも挑戦してみよう！

Chapter

3

声の高さを自由自在に操ろう！
「いつでも声変わり機」

Chapter 3

声の高さを自由自在に操ろう！

この章で作成するアプリ

この章で作るアプリは「声変わり機」ことボイスチェンジャーです。
Python なら高度な音声処理プログラムが
驚くほど簡単なコードで実現できることを体験しましょう。

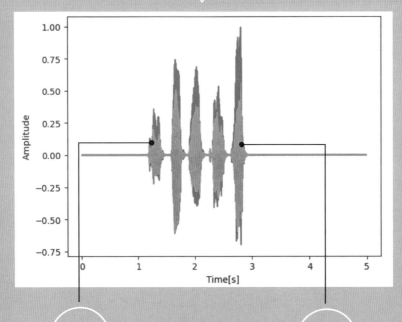

Check!

音声をグラフで確認する

外部ライブラリを活用して音声の波形をグラフで可視化します

Check!

音声を加工する

PC のマイクで録音した音声の声色を加工します

Roadmap

ロードマップ

Chapter 3

Point
—この章で学ぶこと—

 Pythonの外部ライブラリはpip installでインストールする！

 PyAudioで録音をする！

 librosaでボイスチェンジャーを作る！

Go to the next page!

SECTION
3-1
PCのマイクを 探してみよう

3-1-1　外部ライブラリをインストールしよう

　この章では自分の PC のマイクやスピーカーを使って、音声の録音と再生を行います。さらに録音した音声を加工して声変わり機（ボイスチェンジャーアプリ）を作ります。声変わり機の実現を含め、一連のプログラミングには Python のために用意された多数の「**外部ライブラリ**」を活用します。

外部ライブラリ

　前章で学んだ標準ライブラリ以外にも、Python には便利な機能を提供する**外部ライブラリ**（サードパーティライブラリと呼ばれることもあります）が豊富に存在します。これらのライブラリは世界中のコミュニティや企業が開発を行っており、**多くがオープンソースで公開されています**。外部ライブラリを使って機能を大幅に拡張できることが Python の大きな強みです。

これまで使っていたJupyterLabも外部ライブラリだよ！

　外部ライブラリは新しくインストールする必要があります。第 1 章で JupyterLab をインストールした際と同様に、コマンドプロンプト（macOS の場合はターミナル）を起動しましょう。

図 3-1-1　コマンドプロンプトの起動

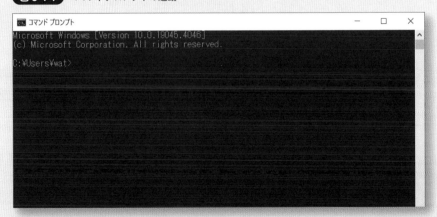

1 PyAudioをインストールしよう

まずはじめに **PyAudio** をインストールします。PyAudio は Python で PC のマイクやスピーカーを簡単に扱えるように開発された外部ライブラリです。

🌐 https://people.csail.mit.edu/hubert/pyaudio/docs/

JupyterLab のインストール時と同様に、pip install コマンドを使いましょう。

Command **3-1-1** pip installコマンド

```
1   pip install pyaudio
```

macOSにおけるインストール

第 1 章でも説明した通り、macOS の場合は pip3 コマンドを使います。以降は Windows での操作のみを説明しますが、**macOS ユーザーは pip を pip3 と読み替えてください。**

●pip3コマンド

```
1   pip3 install pyaudio
```

「Successfully installed ～」と表示されて、再びコマンドの入力待ちの状態になれば、問題なくインストールが終了しています。

図 3-1-2 外部ライブラリのpip install

━━ Check Point ━━
バージョンを指定して pip install する方法

    pip install pyaudio を実行することで、最新版の PyAudio がインストールされます。通常は最新版を使っていれば問題ないのですが、本書と異なるバージョンを使うと正常に動作しない場合もあり得ます。動作がうまくいかないときは本書のバージョンと合わせてみてください。

    本書執筆時、動作が確認できている PyAudio のバージョンは 0.2.14 です。このバージョンを指定するには pip install pyaudio の後に「==**0.2.14**」を付けて実行します。

● バージョンを指定する

```
1   pip install pyaudio==0.2.14
```

2 NumPyをインストールしよう

    次は **NumPy** をインストールします。NumPy は Python における高速な数値演算をサポートする強力なライブラリで、今回は録音した音声データを扱いやすいデータ形式に変換する部分等で活用します。

🌐 https://numpy.org/ja/

    コマンドプロンプトで以下のコマンドを実行し、NumPy をインストールしましょう。本書と同じバージョンにそろえる場合は「**numpy==1.26.4**」とバージョンを指定します。

Command 3-1-2 NumPyのインストール

```
1   pip install numpy
```

> pip installコマンドを使う前は、インターネットに接続していることを確認しよう！

3 python-soundfileをインストールしよう

    続いて **python-soundfile** をインストールします。このライブラリは音声ファイルの読み書きで使用しますが、今回は録音した音声を wav ファイルに変換するために活用します。

🌐 https://python-soundfile.readthedocs.io/en/0.11.0/

コマンドプロンプトで以下のコマンドを実行し、python-soundfile をインストールしましょう。本書と同じバージョンにそろえる場合は「**soundfile==0.12.1**」とバージョンを指定します。

Command **3-1-3** python-soundfileのインストール

```
1  pip install soundfile
```

4 Matplotlibをインストールしよう

次は **Matplotlib** をインストールします。このライブラリは音声データをグラフに描画して可視化するために活用します。

🌐 https://matplotlib.org/

コマンドプロンプトで次のコマンドを実行し、Matplotlib をインストールしましょう。本書と同じバージョンにそろえる場合は「**matplotlib==3.8.4**」とバージョンを指定します。

Command **3-1-4** Matplotlibのインストール

```
1  pip install matplotlib
```

外部ライブラリをアンインストールする方法

一度 pip install で外部ライブラリをインストールした後に、やっぱり他のバージョンでインストールし直したいという場面もあるかもしれません。その場合は、以下の pip uninstall コマンドで外部ライブラリをアンインストールしましょう。

```
1  pip uninstall 外部ライブラリ名
```

例えば、Matplotlib をアンインストールする場合は「pip uninstall matplotlib」と pip install した際に使用したモジュール名を使います。pip uninstall コマンドを実行すると、「Proceed (Y/n)?」と表示されます。ここで Y をキーボードから打ち込み [Enter] キーを押すことでライブラリの削除が実行されます。

5 **librosaをインストールしよう**

最後に librosa をインストールしましょう。声の高さを変える機能を作るために、音の解析部分で librosa を活用します。

🌐 https://librosa.org/doc/latest/index.html

コマンドプロンプトで以下のコマンドを実行し、librosa をインストールしましょう。本書と同じバージョンにそろえる場合は「**librosa==0.10.2**」とバージョンを指定します。

Command **3-1-5** librosaのインストール

```
1   pip install librosa
```

今回インストールした外部ライブラリは表 3-1-1 の通りです。

表 3-1-1 外部ライブラリのまとめ

外部ライブラリ	コマンド	本書におけるバージョン
PyAudio	pip install pyaudio	0.2.14
NumPy	pip install numpy	1.26.4
python-soundfile	pip install soundfile	0.12.1
Matplotlib	pip install matplotlib	3.8.4
librosa	pip install librosa	0.10.2

うまく動作しないときはバージョンを
合わせてインストールしてみてね

外部ライブラリをまとめてインストールする方法

pip install の後に半角スペースを空けて複数の外部ライブラリを書くことで、まとめてインストールすることもできます。

```
1   pip install pyaudio numpy soundfile matplotlib librosa
```

3-1-2 プログラムの全体像を確認しよう

図 3-1-3 処理の流れと外部ライブラリの関係

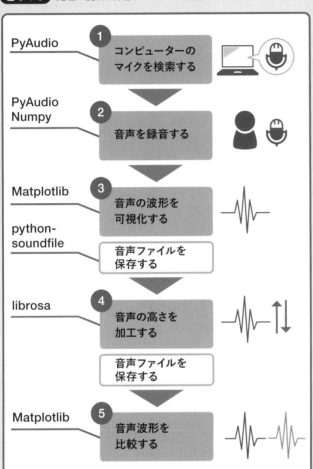

PyAudio	**1** コンピューターの マイクを検索する
PyAudio Numpy	**2** 音声を録音する
Matplotlib	**3** 音声の波形を 可視化する
python-soundfile	音声ファイルを 保存する
librosa	**4** 音声の高さを 加工する
	音声ファイルを 保存する
Matplotlib	**5** 音声波形を 比較する

プログラムを書き始める前に、処理の流れの全体像を確認しましょう。図 3-1-3 で処理の流れと、それぞれの処理で使用する外部ライブラリをまとめました。

最初に、PyAudio を使ってこれから使用するマイクを検索します。次に検索されたマイクを使って録音を行いますが、このときに PyAudio と NumPy を使います。また、Matplotlib を使うと、取り込んだ音声波形を目で見えるようにグラフ化することができます。librosa でボイスチェンジを行い、再度音声波形をグラフ化します。元の音声とボイスチェンジ後の音声をファイルに保存して聴けるようにするのは python-soundfile の役目です。

音は空気の振動

音は空気の振動が私たちの耳に届くことで聞こえます。空気の振動は「大きさ」「振動する速さ（周期）」「形」によって音色が変わり、時間に対する変化を記録することで波として表現できます。

●音の波のイメージ

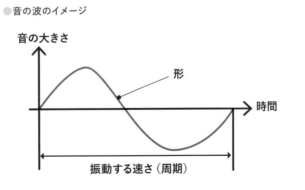

3-1-3 外部ライブラリをimportしよう

外部ライブラリをインストールしたら、さっそく Import して使ってみましょう。第1章でデスクトップに作成した「Python-Project」フォルダの中に入り、「**第3章**」フォルダを新規作成します。

第1章の「新しいノートブックを作ろう」（13ページ）と同じ操作で、新規でノートブックを作ってプログラミングができる状態にしましょう。ノートブックの名前は「**voice_changer.ipynb**」とします。

外部ライブラリは pip install で自分の PC にインストールしましたが、プログラム中で使用するためには **import** を行う必要があります。voice_changer.ipynb のノートブックで、まずは次のコードを実行しましょう。このコードを実行してエラーが出なければ PyAudio のインストールは成功しています。

Code **3-1-1** import文

```
1  import pyaudio
```

Check Point

ModuleNotFoundError と pip list

外部ライブラリを import する際、「**ModuleNotFoundError**」が出る場合は、正常に pip install ができていません。もう一度 pip install ができているか確認しましょう。下の実行結果は PyAudio をインストールしなかった場合のエラー例です。Python はどこでエラーが発生しているかを示してくれます。

実行結果

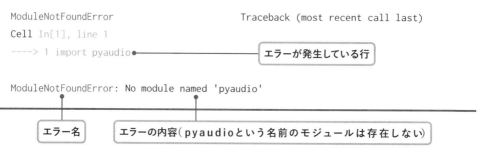

```
ModuleNotFoundError                    Traceback (most recent call last)
Cell In[1], line 1
----> 1 import pyaudio ●———————————— エラーが発生している行

ModuleNotFoundError: No module named 'pyaudio'
```

エラー名　　エラーの内容（pyaudioという名前のモジュールは存在しない）

次のコマンドをコマンドプロンプトで実行することでインストールされているライブラリ一覧をバージョンと共に確認できます。ModuleNotFoundError が出たときは一度確認してみましょう。また、pip list を実行すると、インストールされたライブラリ以外も一覧で表示される場合があります。これは、外部ライブラリをインストールすると依存関係のある他のライブラリ（依存ライブラリと呼びます）も一緒にインストールされることがあるためです。

●ライブラリ一覧の確認

```
1  pip list
```

3-1-4 　PCのマイクを使う準備をしよう

　多くの PC は様々な「**音声デバイス**」を持っています。音声デバイスにはスピーカーやイヤホンといった音声を**出力**するものの他に、マイクのように音声を**入力**するものがあります。プログラムでPC のデバイスを使うためには、まずデバイスを「検索」して使える状態にする必要があります。マイクを使ったプログラミングをするために、PyAudio で音声入力機能を持つマイクを検索しましょう。

図 3-1-4 　マイクの検索

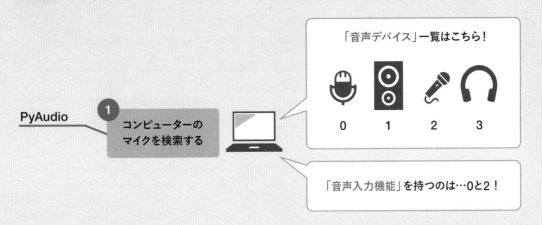

　音声デバイスの一覧を取得するために、次のコードを追加しましょう。

Code 　**3-1-2** 　音声デバイスの検索

```
1  import pyaudio
2
3  # PyAudio を準備する
4  pa = pyaudio.PyAudio()
5
6  # 音声デバイス一覧を表示する
7  for i in range(pa.get_device_count()):
8      device_info = pa.get_device_info_by_index(i)
9      print(device_info)
```

追加

Code 　4行目 　**PyAudioの準備**

　pyaudio.PyAudio() で import した pyaudio というモジュールの中から **PyAudio**() を使えるようにしています。この記述の後に続くコードでは、pa という変数を使えば様々な操作が可能となります。

pa.get_device_count() は PC に接続されている音声デバイス（マイクやスピーカー）の数をカウントします。この数だけ for ループを回し、**pa.get_device_info_by_index(i)** で i 番目のデバイス情報を取得しています。

　このコードを実行すると、PC に接続されている音声デバイスの一覧がノートブックに表示されます（表示内容は実行した PC によって異なります）。実行結果で得られた一覧の情報は Python の**辞書型**と呼ばれるデータ型でまとめられています。次に示す実行結果の例のうち、1 行目の記述は「**index に対応する値が 0、name に対応する値が ' 外部マイク '、maxInputChannels に対応する値が 1**」という対応関係を示しています。

実行結果

```
{'index': 0, …,'name': ' 外部マイク ',…,'maxInputChannels': 1…
{'index': 1, …,'name': ' 外部ヘッドフォン ',…,'maxInputChannels': 0…
{'index': 2, …,'name': ' 内部マイク ',…,'maxInputChannels': 1…
{'index': 3, …,'name': ' 内部スピーカー ',…,'maxInputChannels': 0…
```

辞書型って何？

　辞書型（dict 型）とは、キー（key）と値（value）がセットになったデータ型のことです。

●辞書型

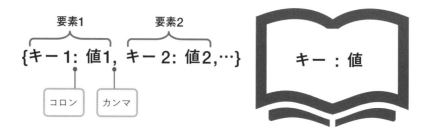

要素1　要素2

{キー 1: 値1, キー 2: 値2,…}

コロン　カンマ

キー：値

　辞書型に登録されたデータは以下のコードのようにキーを指定して値を取り出すことができます。

●辞書型

```
1  fruit = {'name': 'orange', 'price': 100}
2  print(fruit['name'])
3  print(fruit['price'])
```

実行結果

```
orange
100
```

今回は録音をしたいのでマイクのみを使います。マイクは **maxInputChannels（最大入力チャンネル数）が 1 以上**という特徴があります。プログラムで自動的にマイクを使えるようにするには、この特徴に着目して、マイクを持つ音声デバイスの index の値がいくつなのかを検出します。

入力チャンネルって何？

　マイクのような外部の情報を PC に取り込むためのチャンネルを**入力チャンネル**と呼びます。ちなみにスピーカーは PC から音を出すので出力チャンネルと呼びます。最大入力チャンネル数が 1 以上（0 より大きい）ということは、少なくとも 1 つは入力チャンネルを持つことを意味しており、マイクとして録音に使うことが可能です。

それでは音声デバイスの中からマイクだけを検出してみましょう。次のコードを追加します。

Code　3-1-3　マイクの検索

```
1   import pyaudio
2
3   # PyAudio を準備する
4   pa = pyaudio.PyAudio()
5
6   # マイクチャンネル一覧をリストに追加する        音声デバイス一覧を表示する、から変更
7   mic_list = []                                追加
8   for i in range(pa.get_device_count()):
9       device_info = pa.get_device_info_by_index(i)
        print(device_info)                       削除
10      num_of_input_ch = device_info['maxInputChannels']
11
12      if num_of_input_ch > 0:                  追加
13          mic_list.append(device_info['index'])
14  print(mic_list)
```

図 3-1-5 マイクチャンネルを検出する処理の流れ

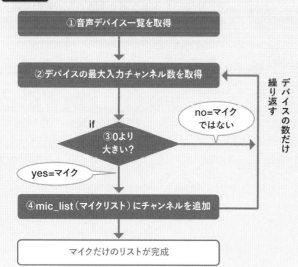

maxInputChannels が 1 以 上 の マイクチャンネルのみを検索する ために、**mic_list** という変数を定 義します。for ループの中で、辞書 型の「maxInputChannlels」という キーの値を **num_of_input_ch** に入 れ、if 文を使って num_of_input_ch が 0 を 超 え る 場 合 に、mic_list に index 値を追加しています。

こちらが実行結果です。マイクチャンネルが 2 つ見つかりました。PC の環境によっては本書の結 果と数値や個数が異なる場合があります。

実行結果

```
[0, 2]
```

コードの見通しをよくするために、マイクチャンネルを取得する部分を関数にまとめましょう（関 数の詳細は 55 ページを参照してください）。

Code 3-1-4 マイクチャンネル取得部分の関数化

```python
1   import pyaudio
2
3   def get_mic_index(pa):
4       """マイクチャンネルを取得する関数"""
5
6       # マイクチャンネル一覧をリストに追加する
7       mic_list = []
8       for i in range(pa.get_device_count()):
9           device_info = pa.get_device_info_by_index(i)
10          num_of_input_ch = device_info['maxInputChannels']
11
12          if num_of_input_ch > 0:
13              mic_list.append(device_info['index'])
```

関数にまとめる

```
14
15      return mic_list[0]
16
17  # PyAudio を準備する                              関数にまとめる
18  pa = pyaudio.PyAudio()
19
20  # マイクチャンネルを自動取得
21  index = get_mic_index(pa)          追加
22  print(index)
```

Code | 3〜15行目 | **マイクチャンネル取得部分の関数化**

def get_mic_index() に先ほどのコードを書きます（インデントに注意してください）。関数の戻り値にはマイクチャンネルリストの最初の要素である **mic_list[0]** を設定します。こうすることでマイクチャンネルを1つだけ指定できます。

Code | 21行目 | **関数の実行**

関数は書いただけでは実行されません。関数の外で get_mic_index() を実行しましょう。戻り値であるマイクチャンネルを **index** という変数に渡します。

このコードを実行すると、0番のみが index という変数に入ることが確認できます（PC によって番号は変わります）。最近の PC は多くの機種でマイクが付属しているはずですが、もしマイクチャンネルがない場合、ネットで購入可能な USB タイプの外部マイクでも代用が可能です。

実行結果

```
0
```

マイクの準備完了!
さっそく録音だ!

SECTION 3-2 | マイクで音声を録音しよう

3-2-1 マイクで録音するための関数を作ろう

図 3-2-1 録音する関数の処理

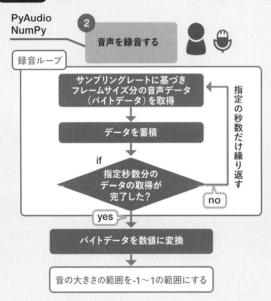

PyAudio
NumPy

② 音声を録音する

録音ループ

サンプリングレートに基づき
フレームサイズ分の音声データ
（バイトデータ）を取得

↓

データを蓄積

↓

if

指定秒数分の
データの取得が
完了した？

no ← 指定の秒数だけ繰り返す

↓ yes

バイトデータを数値に変換

↓

音の大きさの範囲を-1〜1の範囲にする

ここからは、マイクで録音するためのプログラムを書いていきましょう。音声録音の処理は関数としてひとまとめにします。処理の流れを**図 3-2-1**に示します。

録音のためには、まず「1秒間にどれくらいの間隔で音を収録するか」を表す**サンプリングレート**と、「一度にどれくらいデータを取得するか」を表す**フレームサイズ**を設定します。そして、指定した秒数分のデータが蓄積されるまでループ処理をします。最後に録音された波形を私たちが理解しやすい形式に整えます。

1 録音に必要な設定をしよう

ここからはコンピューターを使った音声処理に関する専門的な内容が少し含まれますが、コードの行数はそれほど多くありません。get_mic_index 関数の後に **record** 関数を追加します。次のコードを追加してください。

Code 3-2-1 record関数

```
15      return mic_list[0]
16
17  def record(pa, index, duration):
18      """PC のマイクで録音する関数"""      ┐ 追加
19      return
20
21  # PyAudio を準備する
22  pa = pyaudio.PyAudio()
```

82

引数に pa（pyaudio.PyAudio()）、index（get_mic_index()で取得したマイクのチャンネル）と duration（録音時間［秒］）を設定しています。今回はあらかじめ指定した時間分の録音を行います。

次に、関数の処理の中身を書いていきます。サンプリングレート（**sampling_rate**）とフレームサイズ（**frame_size**）の値を入れておくための変数をそれぞれ用意します。

Code **3-2-2** 録音条件の設定

```
17  def record(pa, index, duration):
18      """PC のマイクで録音する関数"""
19
20      # 録音条件
21      sampling_rate = 44100       ┐
22      frame_size = 1024           ┘ 追加
23
24      return
```

サンプリングレートとは？

　サンプリングレートとは、音をデジタルデータとして記録する際に 1 秒間に何回音を記録（サンプリング）するかを示す数値です。このプログラムではサンプリングレートを 44100 と設定しています。これは、1 秒間に 44,100 回の音を記録することを意味し、CD のサンプリングレートと同じ数値です。

●サンプリングレート

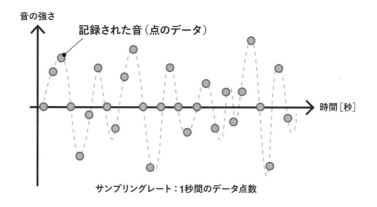

音の強さ
記録された音（点のデータ）
時間［秒］
サンプリングレート：1秒間のデータ点数

フレームサイズとは？

　コンピューターは音声を記録する際、音声を一つ一つのデータの点として記録します。記録の際、データの点は一定の間隔でまとめられ、この単位を「**フレーム**」と呼びます。**フレームサイズは、このフレームの長さのことです。**通常は 128、256、512、1024……と 2 の n 乗のサイズで指定します。

●フレームサイズ

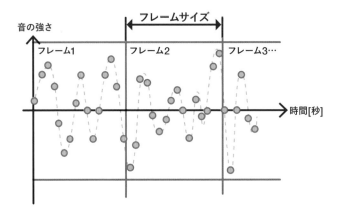

　関数の中身を追加しましょう。設定した条件で録音を開始するために、次のコードを追加してください。

Code **3-2-3** ストリームの開始

```
17  def record(pa, index, duration):
18      """PC のマイクで録音する関数"""
19
20      # 録音条件
21      sampling_rate = 44100
22      frame_size = 1024
23
24      # ストリームを開く
25      stream = pa.open(format=pyaudio.paInt16, channels=1, rate=sampling_rate,
26                  input=True, input_device_index=index, frames_per_buffer=frame_size)
27
28      return
```

追加

Code 25～26行目 **ストリームの開始**

　先ほどと同様に、PyAudio を準備する部分と、新しく **stream**（**ストリーム**）の設定部分を書きます。ストリームとは音声や動画の「ストリーミング」と同じで、ここでは録音するために流れてくる音声データのことを意味しています。引数には先ほど書いた sampling_rate と frame_size、さらにこの関数の引数である index（get_mic_index() で取得したマイクのチャンネル）を設定します。

　続いて、次のコードを追加します。

Code 3-2-4 ループ数の設定

```
17  def record(pa, index, duration):
18      """PC のマイクで録音する関数"""
```
～～～～～～～～～～～～～～～～～～～～～～～～～～～～～～
```
24      # ストリームを開く
25      stream = pa.open(format=pyaudio.paInt16, channels=1, rate=sampling_rate,
26                      input=True, input_device_index=index, frames_per_buffer=frame_size)
27
28      # ループ数の設定
29      dt = 1 / sampling_rate
30      n = int(((duration / dt) / frame_size))    追加
31      print(n)
32
33      return
```


Code 29～30行目 **ループ数の設定**

　録音は小分けにしたフレーム単位で行います。サンプリングレートは 1 秒間に記録されるデータ数を意味するため、データの記録間隔（dt）はその逆数になります（1 秒間に 10 個のデータを記録する場合は、データ点の間隔は 1/10 秒 = 0.1 秒）。

　ここでは総録音時間（duration）をデータの記録間隔（dt）で割ることで、duration を構成する総データ点がいくつあればよいかを計算します。さらに、その値をフレームサイズ（frame_size）で割ることで、総データ点はいくつのフレームがあればよいかを計算します。この総フレーム数（**n**）がループの回数となります。具体的には次の計算を行っています。

- 1 秒間に記録するデータ数 = サンプリングレート =44100
- データの記録間隔 =1/44100=0.00002267...[秒]
- 総録音時間（5 秒間）に必要なデータ点 =5/0.00002267... = 220500[個]
- 一度に取得するデータ数 = フレームサイズ =1024
- 必要なループ数 =220500/1024=215.33（小数点以下切り捨て）

図 3-2-2 ループ数を計算する

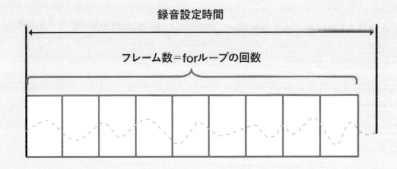

録音設定時間

フレーム数＝forループの回数

ここで一度 record 関数の動作チェックをしてみましょう。次のように、コードの末尾に関数の実行文を追加します。

Code **3-2-5** 録音関数の動作確認

```
38  # マイクチャンネルを自動取得
39  index = get_mic_index(pa)
40  print(index)
41
42  # 計測条件を設定して録音関数を実行
43  duration = 5
44  record(pa, index, duration)
```

追加

コードが正しく書けていれば、前ページの関数内に書いた print(n) の実行結果は 215 になります。これは 5 秒間の録音に必要な for ループのループ回数です。

実行結果

```
0
215
```

必要なループ回数

Check Point

段階ごとに実行結果を確認しよう

プログラムは全部完成してから確認するよりも、**追加した部分が意図した動作をしているかどうかをこまめに検証した方が効率よく書き進めることができます。**

また、コードの順番も重要です。まず import 文を書き、その後に関数、さらにその後に関数の実行文……という順番でコードを書いているでしょうか？ 全体のコードをよく見て比較してみましょう。

2 録音を開始しよう

次に、指定した秒数の間、録音を行うためのループ処理を書きます。次のコードを追加しましょう。

Code **3-2-6** 録音する

```
28   # ループ数の設定
29   dt = 1 / sampling_rate
30   n = int(((duration / dt) / frame_size))
31   print(n)
32
33   # 録音する ●─────────────────── 追加
34   waveform = []
35   print('start')            指定秒数分のデータの取得が完了するまでループする
36   for i in range(n): ●────────────────
37       frame = stream.read(frame_size) ●── フレームサイズ分のデータを取得
38       waveform.append(frame) ●───
39                             波形に追加
40       return
```

Code 34～38行目 **録音する**

図 3-2-3 録音ループ部分の処理

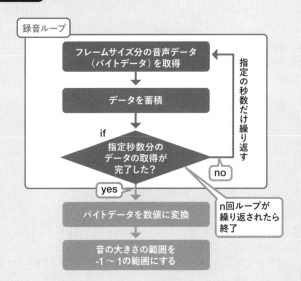

ループの前に用意した空のリスト **waveform** は波形データをまとめる入れ物です。最初は空ですが、ループが回るごとに **stream.read(frame_size)** で取得したフレームサイズ分のデータを .append で追加していきます。

③ 録音を停止しよう

続いて次のようにコードを追記し、record 関数を完成させましょう。

Code `3-2-7` 録音の停止とデータ整理

```python
1  import pyaudio
2  import numpy as np ──── 追加
```

```python
34      # 録音する
35      waveform = []
36      print('start')
37      for i in range(n):
38          frame = stream.read(frame_size)
39          waveform.append(frame)
40
41      # ストリームの終了
42      stream.stop_stream()
43      stream.close()
44
45      # データをまとめる
46      waveform = b"".join(waveform)
47
48      # バイトデータを数値データに変換
49      byte_to_num = np.frombuffer(waveform, dtype="int16")
50
51      # 最大値を計算
52      max_value = float((2 ** 16 / 2) - 1)
53
54      # 波形を正規化
55      normalized_waveform = byte_to_num / max_value
56
57      return normalized_waveform, sampling_rate ──── 赤字部分追加
```

41〜55行目 → 追加

Code 42〜43行目 **ストリームの終了**

関数の前半でストリームを開始（stream = pa.open()）したので、**stream.stop_stream()** と **stream.close()** でストリームを終了させます。

Code 46行目 **データの結合**

b"".join(waveform) はフレームごとに録音されたデータを結合させ、1つの長い波形データにしています。

Code | 2行目、49〜55行目 | **データ形式の変換と波形の正規化**

図 3-2-4 波形の変換部分の処理

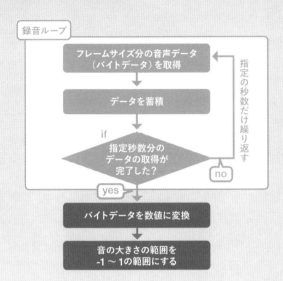

データ形式の変換をするために、import 文に numpy を追加します。**as np** と書くことで、numpy の機能を使うために numpy. 〜と書く代わりに np. 〜と書くことができるようになります。この np を numpy の**エイリアス**と呼びます。PyAudio で録音されたデータはコンピューターのために記述されたバイト形式で書かれたデータです。このデータ形式を **np.frombuffer** により私たちに馴染み深い数値データに変換します。

今回は 16 ビットで録音しているため、**max_value** で 16 ビットデータの最大値を計算し、**byte_to_num** の波形データを max_value で割ることで正規化(波形を -1 〜 1 の範囲に変換する)しています。ただし、この処理は音声処理の専門的な内容が強いので、ここでは「そういうもの」と思っておいて問題ありません。

Code | 57行目 | **戻り値の設定**

return の部分に録音された normalized_waveform データと、録音に使ったサンプリングレート sampling_rate を設定して関数が完成します。sampling_rate は後で波形をグラフ化するときに使います。

Chapter 3 SECTION

3-2

89

録音部分まで完成したコードを動かすために、record 関数を実行する部分に「**waveform, sampling_rate =**」と追加し、print() で中身を確認します。また、pa.terminate() で PyAudio を終了させましょう。

Code **3-2-8** 結果の表示

```
66  # 計測条件を設定して録音関数を実行
67  duration = 5
68  waveform, sampling_rate = record(pa, index, duration)    赤字部分追加
69  print(len(waveform), waveform)
70
71  # PyAudio を終了    追加
72  pa.terminate()
```

まだ実際に話しかける必要はありませんが、プログラムを実行すると録音が開始されます。次のように、「start」に続いてたくさんの数値が表示されたら問題はありません。5 秒間のデータとして、220160 点のデータが収録されたということです。85 ページで 5 秒間の録音に必要なデータ点数が 220500 と計算していましたが、それより少ない個数になっています。これはループ数を計算する部分で小数点切り捨てを行っている影響です。

実行結果

```
start
220160 [0.000824   0.00097659 0.00100711 ... 0.00094607 0.00085452 0.00091556]
```

たった5秒の音声でも、こんなにたくさんデータがあるの！？

このままだとイメージしづらいね。可視化してみよう！

SECTION 3-3 音声をグラフに描画しよう

ここまでで PC のマイクを使った録音プログラムは書けましたが、まだ数値データが並んでいるだけでよくわかりません。録音したデータをグラフに描いてみましょう。

図 3-3-1 音声の可視化

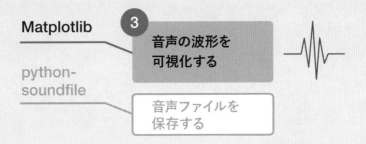

グラフは数学で扱う xy グラフの x 軸（横軸）に時間、y 軸（縦軸）に録音波形の大きさ（振幅＝音の強さ）を取ります。**Matplotlib** を import し、record 関数の下に、**graph_plot** 関数を作成します。**plot（プロット）とは、データをグラフに描画すること**を意味します。次のようにコードを追加してください。

Code 3-3-1 グラフ描画関数

```
1   import pyaudio
2   import numpy as np
3   from matplotlib import pyplot as plt    ● 追加
```

```
19  def record(pa, index, duration):
20      """PC のマイクで録音する関数"""
```

```
58      return normalized_waveform, sampling_rate
59
60  def graph_plot(x, y):
61      """ 波形をグラフにする関数"""
62                                            追加
63      # グラフの設定
64      fig, ax = plt.subplots()
```

```
65    ax.set_xlabel('Time[s]')
66    ax.set_ylabel('Amplitude')
67
68    # データのプロット
69    ax.plot(x, y)                          ─┐
70    plt.show()                              ├─ 追加
71    plt.close()                            │
72                                            │
73    return                                 ─┘
```

Code 3行目、60~73行目 **グラフ描画関数**

グラフ描画で使用する Matplotlib を import します。グラフの横軸と縦軸のデータを、それぞれ引数 x、y としています。

関数の実行文を、これまで書いたコードの末尾に追加しましょう。

Code **3-3-2** グラフ描画関数の実行

```
82    # 計測条件を設定して録音関数を実行
83    duration = 5
84    waveform, sampling_rate = record(pa, index, duration)
85    print(len(waveform), waveform)
86
87    # PyAudio を終了
88    pa.terminate()
89
90    # グラフをプロットする                          ─┐
91    dt = 1 / sampling_rate                        │
92    t = np.arange(0, len(waveform) * dt, dt)       ├─ 追加
93    graph_plot(t, waveform)                        ─┘
```

Code 91~93行目 **グラフ描画関数の実行**

Matplotlib によるグラフ描画は、数学の xy グラフと同様に横軸と縦軸のデータが必要です。**np.arange()** で時間軸（横軸）を作成し、既に取得済みの波形の振幅データ（縦軸）と共に graph_plot 関数に渡しています。グラフの各エリアとコードの対応を**図 3-3-2** に示します。

図 3-3-2　グラフエリアとコードの対応

(x, y)
・x = [0, …, 5]
　0秒〜5秒の時間軸
・y = [*, …, *]
　録音されたデータ

ax.set_ylabel('Amplitude')

ax.set_xlabel('Time[s]')

Time[s]

np.arangeで数列を作る

　NumPy を import することで使える **np.arange** は始めの値と終わりの値、そしてステップ（値同士の間隔）を指定することで**数列**を作成します。本書では録音開始時（0 秒）から録音の終了時（= 波形のデータ数 × データ記録間隔）まで、時間刻み幅間隔で数列を作っています。図に示すように、np.arange は終了点の 1 つ前までの数列が作成されます。

● np.arange()

np.arange(開始, 終了, ステップ**)**

例)
a = np.arange(0.0, 3.0, 0.5)

開始
>>[0.0　0.5　1.0　1.5　2.0, 2.5]
　ステップ　ステップ　ステップ　ステップ　ステップ

図 3-3-3 波形の例「こんにちは」

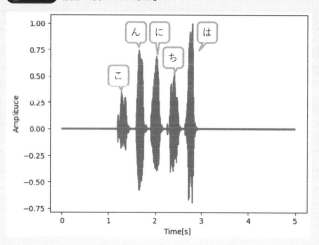

ここまでのコードを実行します。JupyterLab で「start」と表示されたら5秒間の間に何かしゃべってみましょう。

今回はマイクに向かって「**こんにちは**」と発声しました（一音ずつ区切ってゆっくりと）。以下のようなグラフが表示されれば正常にプログラムが動いています。

図 3-3-4 波形の例「こんにちは。今日はとてもいい天気ですね」

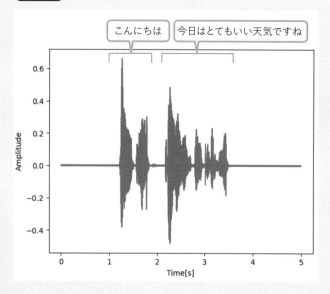

こちらは「**こんにちは。今日はとてもいい天気ですね**」を録音した結果です。通常のスピードで発話すると複雑な波形になることが確認できます。

音が見えるようになった！

音声は大量のデータで構成されているんだ

3-4 | 音声をファイルに 保存して聴いてみよう

「声変わり機」アプリで音声を聴くためには、録音した音声を保存しておく必要があります。まずは加工する前の音声を **wav ファイル**として保存し、音を聴いてみましょう。

図 3-4-1 音声ファイル（wavファイル）の保存

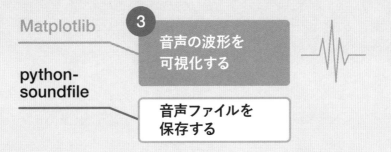

wav ファイル

wav ファイルは、非圧縮で高品質な音声を保存する汎用のファイル形式です。ファイルサイズは大きめですが、多くのデバイスやプラットフォームで広く使われています。

それでは、wav ファイルに保存する処理を作っていきます。次のコードを追加しましょう。

Code 3-4-1 wavファイルの保存

```
1  import pyaudio
2  import numpy as np
3  from matplotlib import pyplot as plt
4  import soundfile as sf          ●──[追加]
```

```
91 # グラフをプロットする
92 dt = 1 / sampling_rate
93 t = np.arange(0, len(waveform) * dt, dt)
```

```
94  graph_plot(t, waveform)
95
96  # wavファイルに保存する
97  filename = 'recorded.wav'          ┐
98  sf.write(filename, waveform, sampling_rate)  ┘── 追加
```

Code 4行目、97〜98行目 **wavファイルの保存**

python-soundfile をエイリアス **sf** として import します。**sf.write**() 関数にファイル名（filename）、音声波形（waveform）、サンプリングレート（sampling_rate）を渡して実行します。

コードを実行すると、filename で指定した通り「**recorded.wav**」が JupyterLab のプログラムファイルの場所に保存されます。このファイルをダブルクリックして音声を再生してみましょう。先ほど録音した自分の声が聞こえるはずです。

図 3-4-2 wavファイル

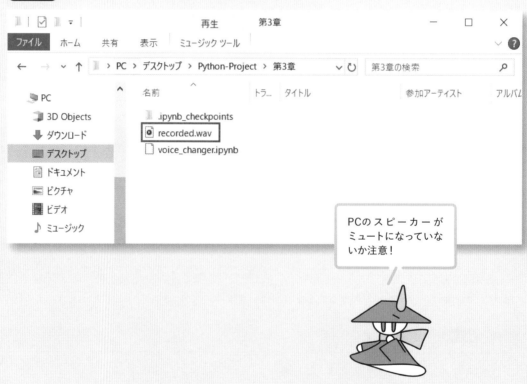

> PCのスピーカーが
> ミュートになっていな
> いか注意!

SECTION 3-5　音声を加工しよう

3-5-1　声の高さを変えよう

　声変わり機の機能を実現するためには「**ピッチシフト**」と呼ばれる手法を用います。ピッチシフトとは、例えば「ド」の音程（ピッチ）を「レ」に変えるように、音程をずらす（シフトする）手法です。ピッチシフトを使えば自分の声を高くしたり低くしたりできます。ピッチシフトによるボイスチェンジ処理を実装して、音声ファイルを保存できるようにしましょう。

図 3-5-1　ボイスチェンジとwavファイルの保存

　ボイスチェンジと音声ファイルへの保存を行うために、次のコードを追加してください。

Code 3-5-1　ボイスチェンジと音声ファイルの保存

```
1    import pyaudio
2    import numpy as np
3    from matplotlib import pyplot as plt
4    import soundfile as sf
5    import librosa    追加
```

```
97   # wav ファイルに保存する
98   filename = 'recorded.wav'
99   sf.write(filename, waveform, sampling_rate)
100
101  # ボイスチェンジする
102  n_steps = 8
103  waveform_shifted = librosa.effects.pitch_shift(waveform, sr=sampling_rate, n_steps=n_steps)
104
105  # ピッチシフトされた音声を保存する
106  sf.write('pitch_shifted.wav', waveform_shifted, sampling_rate)
```

追加

n_steps はどれだけ音をずらすかの設定値です。ここでは8を設定して、高い音にピッチシフトします。この値を -8 といったようにマイナス値にすれば低い音にピッチシフトします。ピッチシフト自体は **librosa.effects.pitch_shift()** で行います。

n_steps の設定はピアノの鍵盤を考えるとわかりやすいでしょう。ピアノの鍵盤は黒鍵と白鍵がありますが、隣り合う鍵盤同士が半音の関係にあります。n_steps の数字が1変わると半音ずれるということがわかれば本プログラムで自由に音程を変更できます。

図 3-5-2 ピッチシフトのイメージ（鍵盤）

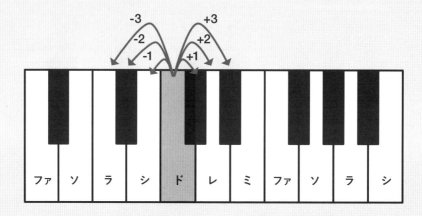

実行すると「**pitch_shifted.wav**」が作成されます。音声を再生してみましょう。テレビで聞いたことのある匿名インタビューのような音声に加工されているはずです。

図 3-5-3 ボイスチェンジ後のwavファイル

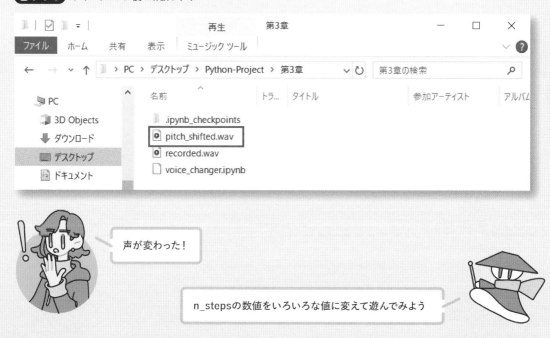

声が変わった！

n_stepsの数値をいろいろな値に変えて遊んでみよう

librosa でエラーが出る

実行時、「librosa.effects.pitch_shift(waveform, sr=samplerate, n_steps=n_steps)」の部分で、「**ModuleNotFoundError: No module named 'pkg_resources'**」というエラーが発生する可能性があります。このエラーが発生する場合、setuptools がない可能性があります。コマンドプロンプトを開いて、次の pip install コマンドを実行し、setuptools を手動でインストールしましょう。

● setuptoolsのインストール

```
1   pip install --upgrade setuptools
```

3-5-2 加工前後の音声をグラフで比較しよう

最後に加工前後の音声をグラフで比較できるようにしましょう。

図 3-5-4 音声波形の比較

graph_plot 関数とメインコードを次のように変更、追加しましょう。関数に引数として渡す x と y をリスト形式にし、for ループで1つずつグラフを描く処理に変更しています。

Code **3-5-2** グラフ描画関数の変更

```
62   def graph_plot(x, y):
63       """波形をグラフにする関数"""
64
65       # グラフの設定
66       fig, ax = plt.subplots()
67       ax.set_xlabel('Time[s]')
68       ax.set_ylabel('Amplitude')
69
```

```
70      # データのプロット
71      for x_axis, y_axis in zip(x, y):          ← zipを使う方法に変更
72          ax.plot(x_axis, y_axis)               ← 変更
73      plt.show()
74      plt.close()
75
76      return
```

```
93      # グラフをプロットする
94      dt = 1 / sampling_rate
95      t = np.arange(0, len(waveform) * dt, dt)
96      graph_plot([t], [waveform])               ← リストを使う方法に変更
```

```
106     # ピッチシフトされた音声を保存する
107     sf.write('pitch_shifted.wav', waveform_shifted, sampling_rate)
108
109     # 音声をグラフで比較する
110     graph_plot([t, t], [waveform, waveform_shifted])    ← 追加
```

Code 71〜72行目 **グラフ描画部分の変更**

リストデータを順番にプロットできるように、プロット部分を for 文で書きます。さらに **zip 関数** を使ってxとyのリストからそれぞれ1つずつデータを抽出して **x_axis** と **y_axis** に格納し、複数のデータをグラフに重ね描きします。

Code 96行目、110行目 **graph_plot関数にリストデータを渡す**

graph_plot 関数に同じ時間軸 t を 2 つ入れたリスト **[t, t]** と、2 種類の波形の振幅を入れたリスト **[waveform, waveform_shifted]** を設定します。こうすることで、t と waveform、t と waveform_shifted の 2 つのグラフが描画されます。

zip関数とは？

zip 関数は、複数のリストから要素を同時に取り出すために使います。 これにより、異なるリストの同じ位置にある要素を組み合わせて新しい「ペア」を作ることができます。例えば、2 つのリストがあるとき、zip を使うとそれぞれのリストから同じ位置にある要素をペアとして取り出せます。

●zip関数の活用   実行結果

```
1  for a, b in zip([1, 2], [3, 4]):
2      print(a, b)
```

1 3
2 4

図 3-5-5　波形の比較

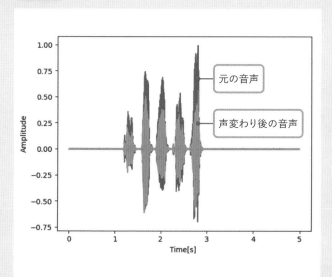

コードを実行すると、Matplotlibによるグラフの中に 2 つの音声がプロットされます。ここまでできれば、あなたも立派な音声処理プログラマーです。

音色が変わる理由

　本章ではピッチシフトを使って音声の音色を変えました。wav ファイルを再生すると実際に自分の声が高くなったり低くなったりすることが確認できたはずです。それではなぜ音色が変わったのでしょうか？ 音声処理を仕事にしている人は、音色を考察するためにまず周波数分析を行います。

　Python でも外部ライブラリを使うことで簡単に周波数分析が可能です。以下の図は本書のコードで作成した recorded.wav と pitch_shifted.wav（n_steps = 1）を周波数分析した結果です。周波数分析では横軸に周波数（1[s] 間に波が振動する回数）、縦軸に音の大きさを取ることが一般的です。

●ボイスチェンジ前後の周波数分析結果

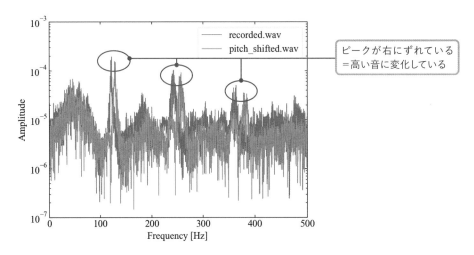

　ピッチシフトで音色を変えた音声はピークが全体的に右側にずれていることが確認できます。右側にずれていれば高い音、左側にずれていれば低い音に変化したと分析ができます。本書では紙面の都合上詳細な方法は省きますが、著者のブログで周波数分析をするコードを紹介しているので、興味のある方は以下リンク先からアクセスしてください。

 https://watlab-blog.com/ikinari-python-book/

Chapter

4

読み上げた音声を自動で変換！
「タメ口矯正アプリ」

この章で作成するアプリ

この章で作るアプリは「タメ口矯正アプリ」です。
コンピューターに話しかけた内容をテキストに変換し、
丁寧な表現の文章に自動で変換します。

```
マイクに向かってタメ口で話しかけてください
音声認識結果「お前の作った資料 なかなかいいね」
丁寧語変換結果「あなたの作った資料 なかなかいいですね」
マイクに向かってタメ口で話しかけてください
音声認識結果「ありがとう あんたの指示のおかげだぜ」
丁寧語変換結果「ありがとうございます あなたの指示のおかげです」
マイクに向かってタメ口で話しかけてください
音声認識結果「いやいやお前の能力が高いからだよ この資料で 明日 プレゼンできるか」
丁寧語変換結果「いいえあなたの能力が高いからです この資料で 明日 プレゼンできますか」
マイクに向かってタメ口で話しかけてください
音声認識結果「いいよ明日は 何時からだっけ」
丁寧語変換結果「いいですよ明日は 何時からでしょうか」
マイクに向かってタメ口で話しかけてください
音声認識結果「午後1時からだよ」
丁寧語変換結果「午後1時からです」
```

```python
# 変換パターン
patterns = {
    r'だね$': 'ですね',
    r'こんにちは': 'ごきげんよう',
    r'(だ|だぜ|だよ)$': 'です',
    r'^よう': 'やあ',
    r'しようぜ$': 'しましょう',
    r'いいね': 'いいですね',
    r'(飯|家族|注意)': r'ご\1',
    r'(茶|店|祭り)': r'お\1',
    r'(お前|あんた|お主|貴様)': 'あなた',
    r'(僕|俺|あたし|拙者|吾輩)': '私',
    r'いいよ': 'いいですよ',
    r'ありがとう': 'ありがとうございます',
    r'いやいや': 'いいえ',
    r'できるか': 'できますか',
    r'だっけ': 'でしょうか',
    r'行かないか': '行きませんか',
    r'行くか': '行きましょうか',
    r'しよう': 'しましょう',
```

Check!

コンピューターが音声をテキストに！

マイクに話した音声を認識して、テキストに自動変換します

Check!

タメ口を丁寧な表現に変換！

砕けた表現を丁寧な言葉遣いに自動で修正してくれます

Check!

文章の変換パターンを用意！

文章の変換パターンは、自分で好みのものを登録できます

Roadmap
ロードマップ

SECTION 4-1 音声認識の準備をしよう
> P106

必要な外部ライブラリを
インストールしよう!

SECTION 4-2 音声をテキストに変換しよう
> P109

マイクに話した音声を
自動で変換だ!

SECTION 4-3 テキストを加工しよう
> P114

タメ口の文章を
丁寧な表現にしよう!

SECTION 4-4 変換パターンを増やそう
> P121

いろいろなタメ口に対応できる
ように設定を追加するよ!

SECTION 4-5 繰り返し変換できるようにしよう
> P134

FIN

誰かとの会話を自動変換
できるようにしよう!

Point
── この章で学ぶこと ──

☑ マイクに話しかけた音声をテキストに変換する!

☑ テキストから任意の文字列を抽出して変換する!

☑ 正規表現で文字列を操る!

Go to the next page! →

SECTION 4-1 音声認識の準備をしよう

この章では PC のマイクに話しかけた内容を自動で文字起こしするアプリを作りましょう。さらに、マイクに向かってタメ口で話しかけると、自動で丁寧な表現に修正・変換できるようにカスタマイズします。音声を扱うテーマは第 3 章と共通ですが、この章ではさらに強力な外部ライブラリを使って Python ならではの音声認識プログラミングを楽しんでみましょう。

4-1-1 プログラムの全体像を確認しよう

プログラムを作り始める前に、処理の流れの全体像を確認しましょう。

まず「**音声のテキスト変換部分**」です。音声認識に特化した AI モデルを活用するために、**SpeechRecognition** という外部ライブラリをインストールします。

続いて、「**テキストの加工部分**」です。音声から認識したテキストを加工し、タメ口による砕けた表現を丁寧な表現に変換します。ここで活用するのが、**正規表現**と呼ばれる技術です。詳細は 4-4 節で解説しますが、正規表現には re という Python 標準ライブラリを使用します。

図 4-1-1 処理の流れのイメージ

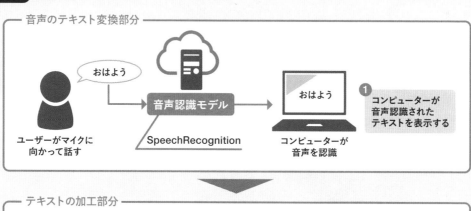

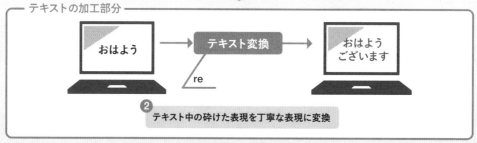

4-1-2 音声認識の外部ライブラリを用意しよう

1 pip install しよう

PC のマイクに話しかけて音声を録音する方法は、第 3 章で解説しました。録音した音声をテキストに変換するためには、第 3 章で紹介した内容に加えて**音声認識**に関する知識が必要です。

音声認識とは？

音声認識とは、人間が話す言葉をマイクで録音し、コンピューターが文章に変換する技術のことです。近年のスマートスピーカーやスマートフォンの音声入力機能はこの技術を使って便利なサービスを提供しています。

今回は Google が提供している**音声認識モデル**を利用します。あらかじめトレーニングされたモデルを使うので、インターネットに接続されていれば初心者でも簡単に音声認識を活用したプログラムを作成できます。

音声認識モデルとは？

音声認識モデルとは、音声についてトレーニング（学習）された AI モデルのことです。例えば「おはよう」という音声を AI モデルに入力しても、何のトレーニングもされていないモデルの場合は正しく音声を認識することができません。しかし、事前にトレーニングされたモデルは適切に音声を認識することができます。

精度よく音声認識を行うためには高性能なコンピューターでも長い時間をかけてトレーニングする必要がありますが、あらかじめトレーニングされたサードパーティ製の音声認識モデルが多数提供されているので、初心者でもすぐに使うことができます。

●音声認識モデルとトレーニングのイメージ

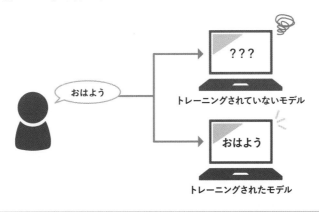

音声認識モデルを使うために、コマンドプロンプトで次のコマンドを実行して**SpeechRecognition**をインストールしましょう（macOS の場合は pip を pip3 にして実行してください）。

Command 4-1-1 SpeechRecognitionのインストール

```
1   pip install SpeechRecognition
```

上記コマンドで最新版がダウンロードされますが、本書と同じバージョンにそろえる場合は「**SpeechRecognition==3.10.4**」とバージョンを指定します。

図 4-1-2 pip install

2 JupyterLab上でimportしよう

それではコードを書くためのノートブックを作成しましょう。第1章でデスクトップに作成した「Python-Project」フォルダの中に、「**第4章**」フォルダを新規作成します。13ページと同じ操作で、新しいノートブックを作成し、プログラミングができる状態にしましょう。ノートブックの名前は「**speech_correction.ipynb**」とします。

続けて、外部ライブラリを使うために、次のコードを書きましょう。このコードを1行実行して特にエラーにならなければ、SpeechRecognition が正常にインストールされています。

Code 4-1-1 speech_recognitionのimport

```
1   import speech_recognition as sr
```

4-2 | 音声をテキストに
変換しよう

4-2-1 音声を録音しよう

まずは、音声を録音するためのコードを書きます。

図 4-2-1 音声を録音する

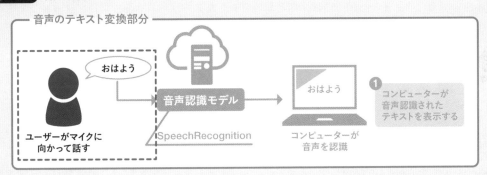

マイクに話しかけて音声をテキストに変換するために、次のコードを追記しましょう。speech_recognition はバックグラウンドで PyAudio を使っています。PyAudio は第 3 章でインストールしましたが、**第 4 章から読み始めた人は 71 ページを参照し、PyAudio のインストールを行ってください。**

Code 4-2-1 音声の録音

```
1  import speech_recognition as sr
2
3  r = sr.Recognizer()
4
5  with sr.Microphone() as source:
6      r.adjust_for_ambient_noise(source, duration=1)
7      print('マイクに向かってタメ口で話しかけてください')
8      audio = r.listen(source)
```

追加

外部ライブラリをインストールしてもimportに失敗するときは、JupyterLabを再起動しよう!

Code 3行目 音声認識機能を準備する

sr.Recognizer() で音声認識の各種機能を使えるようにしています。

Code 5行目 マイクを使えるようにする

with 文を使って録音処理をまとめています。sr.Microphone はマイクを使った録音を行うための設定ですが、with 文を使うことで音声の録音が終了した後、自動的にメモリの解放処理が行われます。

with文

with 文とは、リソースを自動で管理するための Python の仕組みの 1 つです。この文を使わない場合、ファイルを開く処理、第 3 章で実施したストリームを開く処理、読み書きする処理、閉じる処理のコードを 1 つずつ書く必要があります。これら一連の処理を書き忘れてしまうとメモリを始めとしたリソースを適切に解放することができず、エラー等の不具合に繋がります。

Code 6行目 環境音を測定する

adjust_for_ambient_noise を使用して周囲の環境音を測定し、音声認識の精度を向上させます。引数に duration=1 を設定していますが、これは「1 秒間の測定」を意味しています。

環境音だけを測定することで、音声以外の音をノイズとして分離できるんだよ

へえ、いろんな技術があるんだなぁ

Code 7〜8行目 音声を録音する

print 関数でユーザーに話しかける合図を出し、listen が実行されて録音が開始されます。ユーザーが話し終えて、沈黙を検知すると録音は終了し、次の処理に進みます。

4-2-2　音声をテキストに変換しよう

● エラー処理をしよう

　プログラムはいつも想定通りに動作するとは限りません。今回のプログラムでいえば、音声認識モデルが正しく機能しなかったり、そもそもインターネットの接続がなかったりする場合、プログラムが動作せずにエラーとなってしまいます。

図 4-2-2 エラー処理

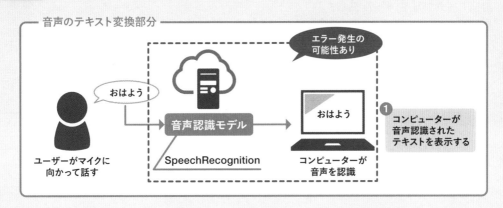

　そこで、プログラムが想定通りの動作をしなかった場合に役立つ「**エラー処理**」と呼ばれる手法を学びましょう。エラー処理とは、**プログラムの特定の箇所でエラーが発生した際に実行する処理**のことです。プログラム中でエラーが発生する可能性のある部分に、あらかじめ想定されるエラーを設定しておき、エラーが発生した場合はそれに応じた処理（これを**例外処理**と呼びます）を実行します。

図 4-2-3 エラー処理

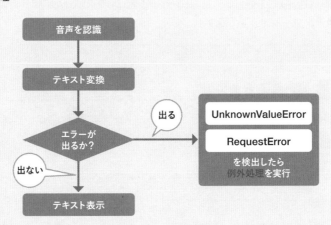

tryとexceptによる例外処理

Pythonでエラー処理を行うためには、「**try**」と「**except**」という構文を使います。tryブロックの中にエラーが発生する可能性があるコードを記載し、exceptブロックの中に例外に対応した処理を記載します。

右のコード例は数値を0で割ったときに発生する**ZeroDivisionError**を検出して例外処理を行った例です。この例では必ずエラーが発生します。

● エラー処理

```
1  try:
2      print(10 / 0)
3  except ZeroDivisionError:
4      print("0で割ることはできません！")
```

続いて、次のコードを追加しましょう。

Code **4-2-2** 音声認識

```
5   with sr.Microphone() as source:
6       r.adjust_for_ambient_noise(source, duration=1)
7       print('マイクに向かってタメ口で話しかけてください')
8       audio = r.listen(source)
9
10  try:
11      recognized_text = r.recognize_google(audio, language='ja')
12      print(f'音声認識結果「{recognized_text}」')
13  except sr.UnknownValueError:
14      print('認識できませんでした。')
15  except sr.RequestError as e:
16      print('ネットワークエラーが発生しました。')
```

追加

Code **11〜12行目** **音声認識をする**

recognize_google が Google の音声認識モデルを使うメソッドです。引数の language に「**'ja'**」と書くことで、日本語の認識をするように設定しています。

112

Code 13〜14行目 不明な値エラーの場合の処理をする

音声データが録音されているにもかかわらずテキストに変換できない場合、speech_recognition は **UnknownValueError**（不明な値エラー）を発生させます。ここでは print 関数で音声を認識できなかったことをユーザーに知らせています。このエラー名は speech_recognition 特有のものです。

Code 15〜16行目 ネットワークエラーの場合の処理をする

音声認識プログラムを実行するにはインターネットに接続している必要があります。ネットワークの関係で音声認識が実行できない場合、speech_recognition は **RequestError** を発生させます。ここではネットワークエラーということがわかるように、print 関数でユーザーにそのことを知らせています。このエラー名も speech_recognition 特有のものです。

音声認識を実行してテキストに変換するアプリはこれで完成です。さっそく実行してコンピューターに話しかけてみましょう。「マイクに向かってタメ口で話しかけてください」と表示されたら、友達に話しかけるように「**こんにちは。今日はいい天気だね！**」とコンピューターに話してみてください。実行結果は次のように表示されるはずです（音声認識の結果に句読点は反映されません）。

実行結果

```
マイクに向かってタメ口で話しかけてください
音声認識結果「こんにちは 今日はいい天気だね」
```

もう少し遊んでみましょう。再度コードの書いてあるセルをクリックしてから、「▶」ボタンで実行し、早口言葉の「**なまむぎなまごめなまたまご**」が音声認識されるかどうかも試してみます。次のように実行結果が表示されれば成功です。さて、読者のあなたはどれだけはやく言えるでしょうか？

実行結果

```
マイクに向かってタメ口で話しかけてください
音声認識結果「生麦生米生卵」
```

Check Point

SpeechRecognition でエラーが出る！

プログラムを実行して「ModuleNotFoundError: No module named 'distutils'」というエラーが発生する可能性があります。このエラーは第 3 章の 99 ページで紹介した、setuptools の更新で解消します。次の pip install コマンドを実行し、再度プログラムが正常に動くか確認しましょう。

●setuptoolsのインストール

```
1  pip install --upgrade setuptools
```

4-3 テキストを加工しよう

4-3-1 テキストを変換する関数を作ろう

　ここまでで、マイクに話しかけた音声を認識し、テキストに変換できるようになりました。そのテキストをさらに加工して、タメ口の砕けた表現を丁寧な表現に変換するための処理を作ります。

　先ほどまで書いていたコードの末尾に続けて書き始めてもよいのですが、try ブロックの中に長いコードを書くと可読性が落ちてしまいます。そこで、関数を使って処理をまとめてみましょう。

図 4-3-1 テキスト変換処理

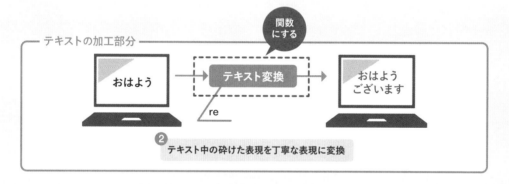

1 関数を作ろう

次のコードを追加しましょう。

Code 4-3-1 関数の追加

```
1   import speech_recognition as sr
2
3   def tamego_to_teineigo(text):
4       """タメ口を丁寧語に変換する関数"""         追加
5
6       return text
7
8   r = sr.Recognizer()
9
```

```
10  with sr.Microphone() as source:
11      r.adjust_for_ambient_noise(source, duration=1)
12      print('マイクに向かってタメ口で話しかけてください')
13      audio = r.listen(source)
14
15  try:
16      recognized_text = r.recognize_google(audio, language='ja')
17      print(f' 音声認識結果「{recognized_text}」')
18      teinei_text = tamego_to_teineigo(recognized_text)
19      print(f'丁寧語変換結果「{teinei_text}」')
20  except sr.UnknownValueError:
21      print('認識できませんでした。')
22  except sr.RequestError as e:
23      print('ネットワークエラーが発生しました。')
```

追加 (18〜19行目)

Code | 3〜6行目 | **関数**

　音声認識によって変換されたテキスト（text）を受け取って丁寧語に変換する関数が、**tamego_to_teineigo(text)** です。まだ関数の中で何もしていない状態ですが、受け取った text をそのまま return に設定して結果を出力する状態にしています。

Code | 18〜19行目 | **関数の実行**

　関数を実行して、丁寧な表現に変換された **teinei_text** を受け取ります。そして print 関数でその結果を表示します。ただし、まだ音声認識の結果がそのまま出力されます。

　この時点でプログラムを実行すると、音声認識結果と同じ文章が丁寧語変換結果に表示されます。まずはこの動作が確認できれば成功です。

実行結果

マイクに向かってタメ口で話しかけてください
音声認識結果「こんにちは　今日はいい天気だね」
丁寧語変換結果「こんにちは　今日はいい天気だね」

関数の作り方を忘れたら
第2章の55ページを見て
みてね

2 文章の変換パターンを登録しよう

関数の中身を書いていきます。はじめに文章変換のバリエーションである「**変換パターン**」を登録しましょう。次のコードを追加してください。

Code **4-3-2** 変換辞書の登録

```
3   def tamego_to_teineigo(text):
4       """タメ口を丁寧語に変換する関数"""
5
6       # 変換パターン
7       patterns = {'だね': 'ですね'}
8
9       return text
```

追加 （6行目、7行目を指す）

> これは第3章で出てきた
> 辞書型の書き方だ！

Code **7行目** **変換パターンの登録**

{ '**だね**': '**ですね**' } は辞書型で、' だね ' がキー、' ですね ' が値です。キーが変換前の表現、値が変換後の表現という関係性になります。このように登録したパターンを後の処理で実際の変換に使います。

辞書型に複数の変換パターンを登録するために、次のコードを追加しましょう。

Code **4-3-3** 変換パターンの追加

```
6       # 変換パターン
7       patterns = {
8           'だね': 'ですね',
9           'こんにちは': 'ごきげんよう',
10      }
11
12      return text
```

改行する （7行目を指す）
カンマを付けて改行する （8行目を指す）
追加、改行する（カンマを入れてもよい） （9行目を指す）

116

　変換パターンの追加

　カンマ（,）を付けて辞書型に複数の要素を追加します。波かっこ（{}）とカンマの後には改行を入れると見やすくなります。また、最後の要素の後にカンマを付けても正常に動作します。

❸　文章を変換しよう

　様々な変換パターンを追加してバリエーションを充実させたくなるかもしれませんが、パターンの追加は 4-4 節で行います。この節ではまず、最低限のパターンを備えた関数を完成させ、機能を試してみましょう。次のコードを追加して関数を完成させます。

Code　4-3-4　テキスト変換

```
6      # 変換パターン
7      patterns = {
8          'だね': 'ですね',
9          'こんにちは': 'ごきげんよう',
10     }
11
12     # テキストをスペースで分離する
13     sentences = text.split(' ')
                                    ここに半角スペースを入れる
14
15     # 変換
16     teineigo_sentences = []
17     for sentence in sentences:
18         for pattern, replacement in patterns.items():
19             sentence = sentence.replace(pattern, replacement)
20         teineigo_sentences.append(sentence)
21
22     joined_text = ' '.join(teineigo_sentences)
                                    ここに半角スペースを入れる
24     return joined_text
                                    textからjoined textに変更
```

追加

Code 13行目 テキストの分離

図 4-3-2 テキストの分離

1つの文字列

こんにちは　今日はいい天気だね
　　　　　スペース

text.split(' ')

文字列のリスト

['こんにちは', '今日はいい天気だね']

音声認識後のテキストは文節ごとにスペースで区切られています。**text.split(' ')** はスペースでテキストを分割してリストに変換します。日本語の丁寧な文章は語尾に特徴を持つことが多い（～です。～ます。など）ため、スペースで区切ることで語尾を抽出しやすくしています。

Code 18行目 辞書型からキーと値のペアを抽出してループを回す

図 4-3-3 辞書型からキーと値のペアを抽出する

辞書型からキーと値の
ペアを抽出する

キー　　　　値

for pattern, replacement in patterns.items():

items は辞書型のメソッドです。**patterns. items** で変換パターンの中にあるキーと値を抽出し、**pattern** にキー、**replacement** に値を入れます。この 2 番目の for ループは変換パターンの数だけ繰り返し実行されます。

Code 19行目 テキスト変換

図 4-3-4 テキスト変換

['こんにちは', '今日はいい天気だね']

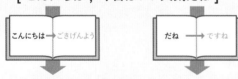

| こんにちは → ごきげんよう | だね → ですね |

['ごきげんよう', '今日はいい天気ですね']

sentence.replace(pattern, replacement) は sentence の中に pattern（キー＝変換前の文字列）があれば、replacement（値＝変換する文字列）に置換するメソッドです。

Code 22行目 | **リストを1つの文章に結合**

図 4-3-5 リストの結合

文字列のリスト

['ごきげんよう', '今日はいい天気ですね']

' '.join(teineigo_sentences)

1つの文字列

ごきげんよう　今日はいい天気ですね

スペース

' '.join(teineigo_sentences)は丁寧語に変換された teineigo_sentences を使って再度スペース区切りで1つの文字列に結合します。

Code 24行目 | **戻り値の設定**

return に丁寧語に変換されたテキスト（**joined_text**）を設定して、関数が完成です。

それではプログラムを実行してみましょう。先ほど作った関数の機能を確かめるために、マイクに向かって「**こんにちは。今日はいい天気だね。**」と話しかけてください。

実行結果は次のようになります。「こんにちは 今日はいい天気だね」というタメ口を使った砕けた文章が「ごきげんよう 今日はいい天気ですね」という丁寧な表現の文章に変換されました。

実行結果

マイクに向かってタメ口で話しかけてください
音声認識結果「こんにちは　今日はいい天気だね」
丁寧語変換結果「ごきげんよう　今日はいい天気ですね」

文章が変わった！

4 文末の変換パターンを追加しよう

次に、文末の「だ」を「です」に変換するパターンを登録しましょう。次のコードを追記します。

Code 4-3-5 変換パターンの追加

```
6       # 変換パターン
7       patterns = {
8           'だね': 'ですね',
9           'こんにちは': 'ごきげんよう',     ─ 改行
10          'だ': 'です',     ─ 追加
11      }
```

そしてプログラムを実行し、「**今日はいい天気だ**」と話しかけてみましょう。しっかりと丁寧語に変換されているのが確認できます。

実行結果

```
マイクに向かってタメ口で話しかけてください
音声認識結果「今日はいい天気だ」
丁寧語変換結果「今日はいい天気です」
```

すごい！ でもごきげんようって普段あんまり使わないなあ

自分用の変換パターンを追加して、カスタマイズしてみてね

SECTION 4-4 | 変換パターンを増やそう

　ここまでのプログラミングでタメ口を丁寧な表現に変換する基本的な流れはできました。しかし、このままでは一部の表現にしか変換が対応していません。ここからは Python によるテキスト処理を学びながら、いろいろな変換パターンを試してみましょう。

　テキストの変換に**正規表現**と呼ばれる技術を使います。正規表現は、文字列のパターンを扱う技術で、特定の文字や文字の組み合わせを検索、置換、抽出できます。ある文字列がメールアドレスとして正しい形式かをチェックしたり、文章から電話番号を探したりといった処理に活用されています。本書で紹介する内容はあくまでほんの一例であり、細かな使い方については説明しません。興味のある方は Python の公式ドキュメントを参考にしてください。

🌐 https://docs.python.org/ja/3/library/re.html

4-4-1　語尾のみを変換しよう

　先ほどのコードを実行して「**ずんだ餅は餅なんだ**」と話しかけてみてください。すると実行結果は次のようになるはずです。宮城県名物「ずんだ餅」が「ずんです餅」になってしまいました。

実行結果

```
マイクに向かってタメ口で話しかけてください
音声認識結果「ずんだ餅は餅なんだ」
丁寧語変換結果「ずんです餅は餅なんです」
```

なんだこの文章はっ！？

121

これは「ずんだ餅」の「だ」の部分に、「だ→です」の変換パターンが適用されてしまったのが原因です。そこで、文章の末尾にある「だ」のみを変換するようにプログラムを修正してみましょう。コードを次のように修正します。

Code 4-4-1 語尾の変換

```
1  import speech_recognition as sr
2  import re          ●─[追加]
3
4  def tamego_to_teineigo(text):
5      """タメ口を丁寧語に変換する関数"""
6
7      # 変換パターン
8      patterns = {
9          r'だね$': 'ですね',  ●──────[rと$を追加]
10         r'こんにちは': 'ごきげんよう',  ●──[rを追加]
11         r'だ $': 'です',  ●────[rと$を追加]
12     }
```

```
17     # 変換
18     teineigo_sentences = []
19     for sentence in sentences:
20         for pattern, replacement in patterns.items():
21             sentence = re.sub(pattern, replacement, sentence)  ●─[変更]
22         teineigo_sentences.append(sentence)
23
24     joined_text = ' '.join(teineigo_sentences)
25
26     return joined_text
27
28 r = sr.Recognizer()
```

Code 2行目 **正規表現のライブラリ**

Python で正規表現を使うために、標準ライブラリである「**re**」を import します。re は Regular Expression の略です。

Code 8〜12行目 **Raw文字列記法によるパターンの表現**

各キーの前に r を付けて、語尾に相当するパターンには末尾に $ を付けましょう。文字列の前に r を付ける記法を **Raw 文字列記法** と呼びます。$ は正規表現の書き方であり、文章の末尾であることを条件にすることができます。

Raw文字列記法

Pythonにおいて、**文字列を示す「' 〜 '」や「" 〜 "」の前にrを付ける書き方をRaw文字列記法と呼びます**。Pythonでは文字列の中にバックスラッシュ等の記号を入れると特殊な動作を意味することがありますが、rを付けておけば記載した文字列をそのまま使うことができます。正規表現を利用するときにはよく出てくる記法なので覚えておきましょう。

 https://docs.python.org/ja/3/library/re.html#raw-string-notation

---

Code | 21行目 | **正規表現を有効にしたテキストの変換**

Raw文字列記法を使って、語尾を示す$記号を追加した変換キーを登録しました。Python標準ライブラリのreをimportすることで使うことができる**sub**はこのような正規表現を考慮したテキスト変換を行います。

コードを修正したら、再度プログラムを実行して「**ずんだ餅は餅なんだ**」と話しかけてみましょう。すると以下の実行結果になるはずです。

実行結果

マイクに向かってタメ口で話しかけてください
音声認識結果「ずんだ餅は餅なんだ」
丁寧語変換結果「ずんだ餅は餅なんです」

図 4-4-1 末尾の変換

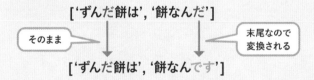

「だ」を「です」に変換するパターンが、正規表現のルールに則り、文章の末尾にしか作用しなくなりました。その結果、「ずんだ餅」は変換対象とならずに、そのままの表記になっています。

4-4-2 語頭のみを変換しよう

今度は「よう！久しぶりだね。飯にしようぜ。」というタメ口を丁寧語に変換してみましょう。まずは「よう」を「やあ」に、「飯」を「ご飯」に、「しようぜ」を「しましょう」と変換できるようにします。次のように変換パターンを追加します。

Code 4-4-2 変換パターンの追加

```
4  def tamego_to_teineigo(text):
5      """タメ口を丁寧語に変換する関数"""
6
7      # 変換パターン
8      patterns = {
9          r'だね$': 'ですね',
10         r'こんにちは': 'ごきげんよう',
11         r'だ$': 'です',
12         r'よう': 'やあ',
13         r'しようぜ$': 'しましょう',     ┐
14         r'飯': 'ご飯',                  ┘── 追加
15     }
```

しかし、プログラムを実行すると、実行結果は次のようになります。「しようぜ」→「しましょう」と変換するつもりが、「よう」が誤検出されて「しやあぜ」と変換されてしまいました。

実行結果

```
マイクに向かってタメ口で話しかけてください
音声認識結果「よう 久しぶりだね 飯にしようぜ」
丁寧語変換結果「やあ 久しぶりですね ご飯にしやあぜ」
```

あれ、正しく変換
されないね

124

そこで、語頭（文章の最初）のみを指定して変換する「^」（キャレット記号）を「よう」の前に付けてみましょう。

Code **4-4-3** 語頭の変換

```
7     # 変換パターン
8     patterns = {
9        r'だね$': 'ですね',
10       r'こんにちは': 'ごきげんよう',
11       r'だ$': 'です',
12       r'^よう': 'やあ',          ← ^を追加
13       r'しようぜ$': 'しましょう',
14       r'飯': 'ご飯'
15     }
```

改めてプログラムを実行すると、実行結果は次のようになります。

実行結果

マイクに向かってタメ口で話しかけてください
音声認識結果「よう 久しぶりだね 飯にしようぜ」
丁寧語変換結果「やあ 久しぶりですね ご飯にしましょう」

これでうまく変換
できたぞ！

続いて、ここまでのプログラムを実行して「**ご飯にしようぜ**」と話しかけてみましょう。実行結果は次のようになります。

実行結果

マイクに向かってタメ口で話しかけてください
音声認識結果「ご飯にしようぜ」
丁寧語変換結果「ごご飯にしましょう」

先ほどは「飯（めし）」を「ご飯」に変換しましたが、変換前の文章が「ご飯」の場合は末尾の飯のみを検出して変換してしまうため、「**ごご飯**」となってしまいました。

これは「お茶」「お店」など、その他の丁寧語でも起こり得るケースと考えられます。しかし、変換パターンを「ごご飯→ご飯」……と1つずつ登録していくのは骨が折れます。そのため重複したひらがなが見つかったら、そのうちの1文字を削除するという処理を加えてみましょう。

for ループの中に **sentence=〜** というコードがありますが、その下にもう1つ **sentence = re.sub(r'([ぁ - ん])\1+', r'\1', sentence)** とコードを追加してください。

Code **4-4-4**　正規表現による重複したひらがなの削除

```
4  def tamego_to_teineigo(text):
5      """タメ口を丁寧語に変換する関数"""
```
～
```
20      # 変換
21      teineigo_sentences = []
22      for sentence in sentences:
23          for pattern, replacement in patterns.items():
24              sentence = re.sub(pattern, replacement, sentence)
25
26          # ひらがなの重複削除を行う
27          sentence = re.sub(r'([ぁ-ん])\1+', r'\1', sentence)
28
29          teineigo_sentences.append(sentence)
```

追加

「ぁ」は小文字

126

正規表現で重複したひらがなを1つにする

　正規表現のモジュールである re の中で、sub を使っているのは 24 行目と同じです。しかし、今回は登録してあるパターンの中で変換するのではなく、正規表現同士で次のように変換をしています。

● ([ぁ-ん])\1+（検出する文字列）：任意のひらがなが 1 回以上繰り返されている箇所
● r'\1'（置換する文字列）：検出された文字列 1 個分（\1）

　このプログラムを実行すると、「飯（めし）」と「ご飯」はともに「ご飯」に変換されます。

実行結果

マイクに向かってタメ口で話しかけてください
音声認識結果「ご飯にしようぜ」
丁寧語変換結果「ご飯にしましょう」

　プログラムを実行して「**あああ**」と話しかけてみてください。ひらがなが何度連続しても、必ず1 文字に変換される結果を確認できるはずです。

実行結果

マイクに向かってタメ口で話しかけてください
音声認識結果「あああ」
丁寧語変換結果「あ」

正規表現ってフクザツだね…

例をいくつか挙げているから、自分の手を動かして慣れていこう！

削除したくない文字を残すには

しかし、重複したひらがなを削除する処理を加えると、「いいね」が「いね」と変換されてしまう問題が発生します（他に「肩たたき」も「肩たき」になってしまいます）。このようなケースに対応するための処理を書いてみましょう。

削除したくない単語を残すために、次のようにコードを修正します。

Code 4-4-5 例外処理

```
4   def tamego_to_teineigo(text):
5       """タメ口を丁寧語に変換する関数"""
6
7       # 変換パターン
8       patterns = {
9           r'だね$': 'ですね',
10          r'こんにちは': 'ごきげんよう',
11          r'だ$': 'です',
12          r'^よう': 'やあ',
13          r'しようぜ$': 'しましょう',
14          r'飯': 'ご飯',
15          r'いいね': 'いいですね',          ●───── 追加
16      }
17
18      # ひらがなの重複削除を行わないワードリスト      ┐
19      no_remove_hiragana = ['いいですね']          ┘───── 追加
20
21      # テキストをスペースで分離する
22      sentences = text.split(' ')
23
24      # 変換
25      teineigo_sentences = []
26      dummy_mapping = []      ●───── 追加
27      for sentence in sentences:
28          for pattern, replacement in patterns.items():
29              sentence = re.sub(pattern, replacement, sentence)
30
31          # 重複削除を行わない文字列はダミー文字列に置き換える      ┐
32          for no_remove in no_remove_hiragana:                      │
33              if no_remove in sentence:                             │
34                  dummy_text = 'X' * len(no_remove)                 ├── 追加
35                  dummy_mapping.append((dummy_text, no_remove))     │
36                  sentence = sentence.replace(no_remove, dummy_text)┘
37
38          # ひらがなの重複削除を行う
39          sentence = re.sub(r'([ぁ-ん])\1+', r'\1', sentence)
```

128

```
40
41        # ダミー文字列を元に戻す
42        for dummy_text, original_text in dummy_mapping:
43            sentence = sentence.replace(dummy_text, original_text)
44
45        teineigo_sentences.append(sentence)
```

追加

Code 19行目 **削除したくない文字列の登録**

ひらがなの重複削除をしたくない文字列「いいですね」をリストに登録します。

Code 26行目、32〜36行目 **ダミー文字列への退避**

 no_remove_hiragana に登録された文字列が文章の中にある場合、その文字列と同じサイズのダミー文字列に置換します。置換した文字列は **dummy_mapping** に退避させます。

図 4-4-2 ダミー文字列に置換

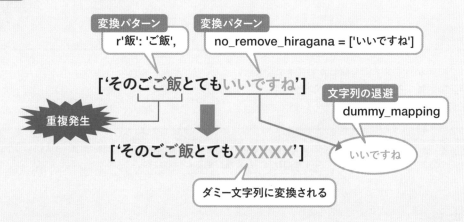

重複ひらがなが削除された後にダミー文字列を元に戻す

重複したひらがなが削除された後、dummy_mapping に入れておいた文字列とダミー文字列を再度置換します。こうすることで no_remove_hiragana に登録した文字列には重複したひらがなの削除が適用されなくなります。

図 4-4-3 退避していた文字列を元に戻す

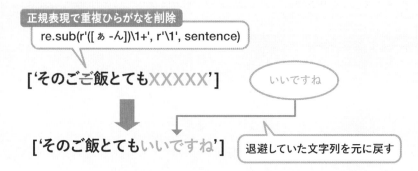

正規表現で重複ひらがなを削除
```
re.sub(r'([ぁ-ん])\1+', r'\1', sentence)
```

['そのごご飯とてもXXXXX']

いいですね

['そのご飯とてもいいですね']

退避していた文字列を元に戻す

プログラムを実行し、「**そのご飯とてもいいね！**」と話しかけてみましょう。実行結果を見ると、次のように正常に変換がされています。

実行結果

マイクに向かってタメ口で話しかけてください
音声認識結果「そのご飯とてもいいね」
丁寧語変換結果「そのご飯 とてもいいですね」

「ご飯」が「ごご飯」にならない

「いいね」が「いいですね」に変換され、かつひらがなの重複削除が行われない

おかしな変換になったらその都度、対策を考えればいいんだね

自分で問題が解決できると、プログラミングが一気に楽しくなるよ！

4-4-4 接頭語の変換に対応しよう

「茶」や「店」「家族」「相談」といった単語は、それぞれ「お茶」「お店」「ご家族」「ご相談」のように、接頭語が付くことで丁寧語になります。これも1つずつパターンを設定するのではなく、まとめて設定しましょう。次のようにコードを追加します。

Code 4-4-6 接頭語の追加

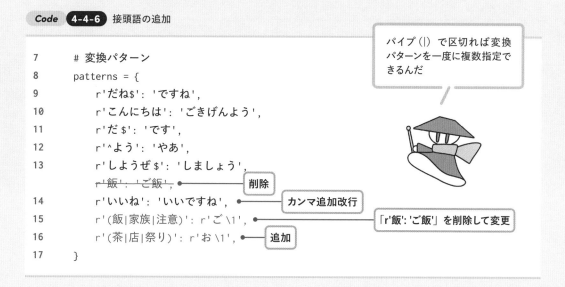

```
7        # 変換パターン
8        patterns = {
9            r'だね$': 'ですね',
10           r'こんにちは': 'ごきげんよう',
11           r'だ$': 'です',
12           r'^よう': 'やあ',
13           r'しようぜ$': 'しましょう',
             r'飯': 'ご飯',                    ← 削除
14           r'いいね': 'いいですね',            ← カンマ追加改行
15           r'(飯|家族|注意)': r'ご\1',        「r'飯': 'ご飯'」を削除して変更
16           r'(茶|店|祭り)': r'お\1',          ← 追加
17       }
```

> パイプ（|）で区切れば変換パターンを一度に複数指定できるんだ

Code 15～16行目 **複数単語を1つに変換**

正規表現でグルーピングを意味するかっこ（()）と、「または」を意味するパイプ（|）を組み合わせて、同じ意味を示す複数の単語を辞書型のキーに登録しています。また、値に「r' ご\1'」「r' お\1'」とマッチした単語の1つ前にひらがなを付ける正規表現も使用しています。

プログラムを実行して「**祭りの前に飯と茶がある店に行きたいんだ。**」と話しかけてみてください。実行結果は次のようになります。かなり丁寧な表現になってきましたね。

実行結果

マイクに向かってタメ口で話しかけてください
音声認識結果「祭りの前に飯と茶がある店に行きたいんだ」
丁寧語変換結果「お祭りの前にご飯とお茶があるお店に行きたいんです」

4-4-5 一人称や二人称を一括変換しよう

日本語の一人称は複雑で、「私」「僕」「俺」「拙者」「吾輩」……といくつもの表現があります。同様に、二人称の『あなた』を意味する表現も多くの種類があり、中には「お前」「あんた」といった上品さに欠ける表現もあります。一人称や二人称を上品な表現に変換するための処理を追加しましょう。次のようにコードを追加してください。

Code 4-4-7 一人称と二人称の一括変換

```
7      # 変換パターン
8      patterns = {
9          r'だね$': 'ですね',
10         r'こんにちは': 'ごきげんよう',
11         r'だ$': 'です',
12         r'^よう': 'やあ',
13         r'しようぜ$': 'しましょう',
14         r'いいね': 'いいですね',
15         r'(飯|家族|注意)': r'ご\1',
16         r'(茶|店|祭り)': r'お\1',
17         r'(お前|あんた|お主|貴様)': 'あなた',      ┐
18         r'(僕|俺|あたし|拙者|吾輩)': '私',          ┘ 追加
19     }
```

プログラムを実行して、やや極端な例ではありますが「**貴様と吾輩は友達だ**」と話しかけてみましょう。次のように、「あなたと私」に変換された実行結果が表示されれば成功です。

実行結果

```
マイクに向かってタメ口で話しかけてください
音声認識結果「貴様と 吾輩は友達だ」
丁寧語変換結果「あなたと 私は友達です」
```

4-4-6　いろいろな変換パターンを追加しよう

この章の終わりに、様々な変換パターンを試すための会話の例文を載せています。その例で使われている表現をすべて変換できるように、変換パターンを設定しておきましょう。次のようにコードを修正します。

Code　4-4-8　変換パターンの追加

```python
import speech_recognition as sr
import re

def tamego_to_teineigo(text):
    """タメ口を丁寧語に変換する関数"""

    # 変換パターン
    patterns = {
        r'だね$': 'ですね',
        r'こんにちは': 'ごきげんよう',
        r'(だ|だぜ|だよ)$': 'です',          # 変更
        r'^よう': 'やあ',
        r'しようぜ$': 'しましょう',
        r'いいね': 'いいですね',
        r'(飯|家族|注意)': r'ご\1',
        r'(茶|店|祭り)': r'お\1',
        r'(お前|あんた|お主|貴様)': 'あなた',
        r'(僕|俺|あたし|拙者|吾輩)': '私',
        r'いいよ': 'いいですよ',
        r'ありがとう': 'ありがとうございます',
        r'いやいや': 'いいえ',
        r'できるか': 'できますか',
        r'だっけ': 'でしょうか',
        r'行かないか': '行きませんか',
        r'行くか': '行きましょうか',
        r'しよう': 'しましょう',
    }

    # ひらがなの重複削除を行わないワードリスト
    no_remove_hiragana = ['いいですね', 'いいえ', 'いいですよ']   # 赤字部分追加
```

SECTION 4-5 | 繰り返し変換できる ようにしよう

4-5-1 繰り返しと終了の条件を追加しよう

　現時点のプログラムでは、文章の変換を一度行うと、そこで動作が停止してしまいます。連続した会話の中で繰り返し変換が行われるよう、ループ処理を加えてアプリを完成させましょう。次のようにコードを修正します。

Code 4-5-1 繰り返し処理の追加

```
62  r = sr.Recognizer()
63
64  is_first_time = True                          追加
65  while True:
66      with sr.Microphone() as source:           追加
67          if is_first_time:
68              r.adjust_for_ambient_noise(source, duration=1)   インデント追加
69              is_first_time = False             追加
70          print('マイクに向かってタメ口で話しかけてください')
71          audio = r.listen(source)
72
73      try:
74          recognized_text = r.recognize_google(audio, language='ja')
75          print(f' 音声認識結果「{recognized_text}」')
76          teinei_text = tamego_to_teineigo(recognized_text)
77          print(f' 丁寧語変換結果「{teinei_text}」')
78
79          if 'プログラム終了' in teinei_text:        追加
80              break
81      except sr.UnknownValueError:
82          print('認識できませんでした。')
83      except sr.RequestError as e:
84          print('ネットワークエラーが発生しました。')
```

Code 65行目 繰り返し処理の追加

while ループが常に True の状態（無限ループ）で繰り返し処理を追加しています。while を書いた行より下は全体にインデントを設定しましょう。

Code 64行目、67～69行目 環境音の測定タイミングの設定

1秒間の環境音測定が毎回入るとスムーズな会話になりません。測定は初回のみにするため、**is_first_time** という変数を初期状態 True で用意し、if 文の中で False にする処理を追加しています。

Code 79～80行目 プログラム終了条件の設定

in 演算子を使って変換結果のテキスト（teinei_text）の中に「プログラム終了」という文字列が入っているかどうかを判定します。ユーザーが「～プログラム終了です」のように話したら無限ループが終了します。

アプリを止めるときは「プログラム終了です」って言えばいいんだね

さっそく会話のやり取りを変換してみよう！

4-5-2 会話の内容を変換してみよう

さて、これでアプリのプログラミングは終了です。完成したアプリを使って遊んでみましょう。今回の「タメ口矯正アプリ」は1人でも複数人でも使える仕様です。以下にサンプルの台本として、AさんとBさんの会話例を載せています。

この台本で使われている表現はすべて、これまでのプログラミングで変換に対応しています。プログラムを実行してから台本を音読し、どのような変換の結果になるのか見てみましょう（最後に「プログラム終了です」と言って、アプリを停止させることを忘れないようにしましょう）。

A「お前の作った資料、なかなかいいね！」
B「ありがとう！あんたの指示のおかげだぜ！」

A「いやいや、お前の能力が高いからだよ。この資料で明日プレゼンできるか？」
B「いいよ。明日は何時からだっけ？」

A「午後1時からだよ」
B「それじゃあその前に一緒に飯でも行かないか？そしてプレゼンが終わったら、茶でもしよう」

A「いいよ。どこに行くか？」
B「この前行った店でいいよ」
　「プログラム終了です」

実行結果

マイクに向かってタメ口で話しかけてください
音声認識結果「お前の作った資料 なかなかいいね」
丁寧語変換結果「あなたの作った資料 なかなかいいですね」
マイクに向かってタメ口で話しかけてください
音声認識結果「ありがとう あんたの指示のおかげだぜ」
丁寧語変換結果「ありがとうございます あなたの指示のおかげです」
マイクに向かってタメ口で話しかけてください
音声認識結果「いやいやお前の能力が高いからだよ この資料で 明日 プレゼンできるか」
丁寧語変換結果「いいえあなたの能力が高いからです この資料で 明日 プレゼンできますか」
マイクに向かってタメ口で話しかけてください
音声認識結果「いいよ明日は 何時からだっけ」
丁寧語変換結果「いいですよ明日は 何時からでしょうか」
マイクに向かってタメ口で話しかけてください
音声認識結果「午後1時からだよ」
丁寧語変換結果「午後1時からです」
マイクに向かってタメ口で話しかけてください
音声認識結果「それじゃあその前に一緒に飯でも行かないか そして プレゼンが終わったら ⏎
茶でもしよう」

丁寧語変換結果「それじゃあその前に一緒にご飯でも行きませんか　そして　プレゼンが終わっ⏎たら　お茶でもしましょう」

マイクに向かってタメ口で話しかけてください

音声認識結果「いいよ　どこに行くか」

丁寧語変換結果「いいですよ　どこに行きましょうか」

マイクに向かってタメ口で話しかけてください

音声認識結果「この前行った店でいいよ」

丁寧語変換結果「この前行ったお店でいいですよ」

マイクに向かってタメ口で話しかけてください

音声認識結果「プログラム終了です」

丁寧語変換結果「プログラム終了です」

　これだけ文章が多いと、滑舌以外にも環境音の変化で音声が認識しにくくなることもあります。その場合は、**r.adjust_for_ambient_noise(source, duration=1)** を初回だけではなく、10 回おきに実施するなどの工夫をすることで改善できます。

　本章のタメ口矯正アプリはカスタマイズ次第で丁寧語以外への変換も可能です。以下の例は「タメ口をお嬢様言葉に変換する」変換パターンを設定した例です。

Code　4-5-2　お嬢様言葉の変換パターン例

```
7     # 変換パターン
8     patterns = {
9         r'だね$': 'ですわね',
10        r'こんにちは': 'ごきげんよう',
11        r'(だ|だぜ|だよ)$': 'ですわ',
12        r'だ$': 'ですわ',
13        r'^よう': 'ご機嫌うるわしゅう',
14        r'しようぜ$': 'しましょうでございますわ',
15        r'いいね': 'よろしくてよ',
16        r'(飯|家族|注意)': r'ご\1',
17        r'(茶|店|祭り)': r'お\1',
18        r'(お前|あんた|お主|貴様)': 'あなた様',
19        r'(僕|俺|あたし|拙者|吾輩)': 'わたくしは',
20        r'いいよ': 'よろしくてよ',
21        r'ありがとう': 'ありがとうございますですわ',
22        r'いやいや': 'そんなことないですわ',
23        r'できるか': 'できますの',
24        r'だっけ': 'ですの',
25        r'行かないか': '行きませんですの',
26        r'行くか': '行きますの',
27        r'しよう': 'しましょうでございますわ',
28        r'それじゃ': 'でしたら',
29    }
```

先ほどの会話例をそのまま読み上げると、次のような結果になります。

A「あなた様の作った資料 なかなかよろしくてよ」
B「ありがとっございますですわ あなた様の指示のおかげですわ」

A「そんなーとないですわあなた様の能力が高いからですわ この資料で明日 プレゼンできますの」
B「よろしくてよ明日は 何時からですの」

A「午後1時からですわ」
B「でしたらその前に一緒にご飯でも行きませんですの そして プレゼンが終わったら お茶でもしましょうでございますわ」

A「よろしくてよ どこに行きますの」
B「この前行ったお店でよろしくてよ」

読者の皆さんも正規表現を駆使して、ぜひ自分だけのカスタマイズをしてみてください！

様々な丁寧な言葉遣いを調べて、変換パターンに
追加してみようと思いマシタ。

アプリ開発がいつの間にか、国語の勉強に役立ってる！？
（しかも言葉遣いが丁寧になってる!?）

Chapter

5

長時間撮影をぎゅっと圧縮！
「タイムラプスクリエイター」

Chapter 5

長時間撮影をぎゅっと圧縮！

この章で作成するアプリ

この章では PC のカメラを自由に扱い、
ゆっくりした変化を早回しで見せるタイムラプス動画を撮影できるアプリを作成します。
さらに、動画に対して様々なエフェクトを追加するなど、
画像処理の世界に入門します。

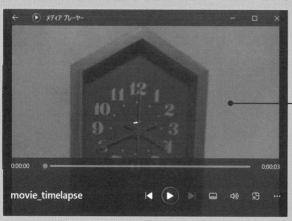

Check!

動画を撮影する！

Web カメラを使って
動画を撮影します。撮
影の条件を変更して、
タイムラプス動画を撮
影しましょう

Check!

**エフェクトを
追加する！**

画像処理の技術を学
んで、撮影した動画
に加工を加えます

ぼかし

セピア色

エッジ検出

Roadmap

ロードマップ

SECTION 5-1 PCのカメラを使ってみよう
> P142

PCでカメラを操る!

SECTION 5-2 動画を撮影しよう
> P149

撮影してファイルを作成するよ

SECTION 5-3 タイムラプス動画を撮影しよう
> P154

長時間の変化を短い動画にする仕組みって…?

SECTION 5-4 画像にエフェクトを追加しよう
> P158

画像処理に挑戦だ!

SECTION 5-5 動画を編集しよう
> P172

画像処理を動画に適用だ!

FIN

Point

── この章で学ぶこと ──

 OpenCVで動画を撮影する!

 撮影間隔を調整してタイムラプス動画を撮る!

 画像処理方法を習得して動画を加工する!

Go to the next page! →

SECTION 5-1 | PCのカメラを使ってみよう

この章では Python を使って PC の**カメラ**を操作します。マイクと同様に、外部ライブラリを使ってカメラを使った撮影や動画の作成を体験しましょう。続く第 6 章でもカメラを使いますが、もし PC にカメラが付いていない場合は、安価に購入できる USB タイプの Web カメラを使えば同じ機能を再現できます。PC のカメラはインカメラしかない場合が多いので、いろいろな被写体にレンズを向けられる Web カメラの使用を推奨します。

章の後半では、一定の時間間隔で撮影した静止画をつなぎあわせる「**タイムラプス動画**」を作成します。また、見た人の胸を打つ感傷的な動画にするため、色調やエッジ、ぼかしのエフェクトといった画像処理を追加する方法も紹介します。

5-1-1 プログラムの全体像を確認しよう

本章では以下の 2 つのプログラムを作成します。

①動画を撮影するプログラム（movie_capture.ipynb）
　PC のカメラにアクセスして、プログラムで指定した条件（時間・サイズ）で動画を撮影するプログラムです。撮影した動画はファイルに保存します。
②動画を編集するプログラム（movie_editor.ipynb）
　保存した動画ファイルを読み込み、画像処理を施して編集後の動画を保存するプログラムです。

図 5-1-1 はこれから作成する 2 つのプログラムの処理の流れと関連を示しています。これまでのアプリ作成と異なり、2 つのファイルを行き来するのでしっかりと構成を把握しましょう。

2つのプログラムを連携させるんだね

編集するプログラムを間違えないように要注意！

図 5-1-1 作成するプログラムと処理の流れ

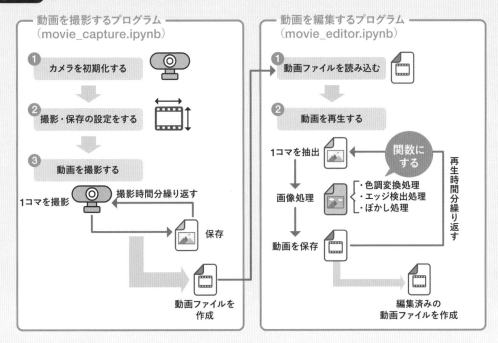

5-1-2 OpenCVを使ってみよう

1 pip installしよう

カメラを取り扱う有名な外部ライブラリに **OpenCV** があります。第3章、第4章と同様に以下の
コマンドをコマンドプロンプト（Windows）やターミナル（macOS の場合は pip を pip3 に変更しま
しょう）に打ち込んで OpenCV をインストールしましょう。

Command **5-1-1** OpenCVのインストール

```
1   pip install opencv-python
```

図 5-1-2 pip install

このコマンドで最新版の OpenCV がインストールされます。本書とバージョンをそろえる場合は
「pip install opencv-python==4.9.0.80」とバージョンを指定して実行してください。

OpenCVって何？

OpenCV はオープンソースのコンピュータービジョン（コンピューターによる画像解析技術）ライブラリです。カメラ処理だけでなく画像にエフェクトを追加するための**画像処理**や、画像内に何が映っているかを検出する**物体検知**といった処理を得意としています。幅広い機能性と Python 以外のプログラミング言語における開発も活発なことから、画像処理分野で世界中の人に使われています。

2 2つのノートブックを作ろう

図 5-1-1 で作成する 2 つのプログラムは、2 つのノートブックを作成します。まずはノートブックを用意するところから始めましょう。

第 1 章でデスクトップに作成した「Python-Project」フォルダの中に入り、「**第 5 章**」フォルダを新規作成します。第 1 章の 13 ページと同様の手順で「第 5 章」フォルダにノートブックを作成します。作成されたノートブックの名前を「**movie_capture.ipynb**」としましょう。

2 つ目のノートブックを作成するために、「movie_capture.ipynb」タブの右隣にある「+」マーク（New Launcher）をクリックします。

図 5-1-3 New Launcher

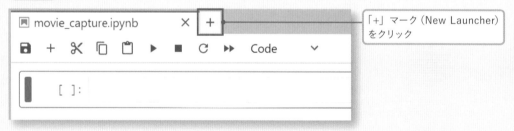

「+」マーク（New Launcher）
をクリック

図 5-1-4 2つ目のノートブックを作成する

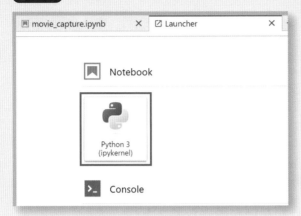

「**Python 3(ipykernel)**」をクリックして
2つ目のノートブックを作成しましょう。

図 5-1-5 ファイル名の変更(2つ目のノートブック)

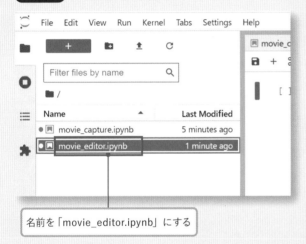

2つ目のノートブックの名前を「**movie_
editor.ipynb**」に変更します。

名前を「movie_editor.ipynb」にする

　以降は**タブを切り替えることでコードを書いたり、実行したりするファイルを選択できる**ようになります。まずは動画撮影を行うプログラムから作成するので、movie_capture.ipynb のタブを選択しておきましょう。

図 5-1-6 タブの切り替え

movie_capture.ipynbのタブを選択

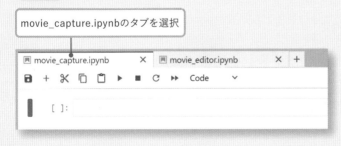

ノートブックを切り替える
ときはタブを操作だ!

3 OpenCVをimportしよう

OpenCV が正常にインストールできているか確認するために、movie_capture.ipynb のノートブックに次のコードを書きましょう。

Code **5-1-1** OpenCVをimport（movie_capture.ipynb）

```
1  import cv2
```

Check Point

import にエラーがないか確認しよう！

import cv2 により OpenCV を Python で使えるようにします。このコードのみを実行して **ModuleNotFoundError** が出なければインストールは正常に完了しています。もしエラーが出る場合は pip install を実行した際に何かエラーメッセージが出ていないか確認してください。

import文のエラーは第3章の76ページも確認してみてね！

巻頭に記載してある OSのバージョンも確認しよう！

4 静止画を撮影しよう

OpenCV によるカメラ操作の基本として、まずは**静止画を1枚撮影するコード**を書いてみましょう。次のコードを追加してください。

Code **5-1-2** 静止画の撮影（movie_capture.ipynb）

```
1  import cv2
2
3  # カメラの初期化
4  cap = cv2.VideoCapture(0)
5
6  # 静止画の取得
7  ret, frame = cap.read()
8
9  # 画像を保存
10 if ret:
11     cv2.imwrite('img.jpg', frame)
12
13 # 解放処理
14 cap.release()
```

追加

Code 4行目 カメラの初期化とチャンネルの指定

cv2.VideoCapture でカメラの初期化を行います。引数に指定した **0** はカメラのチャンネルです。0 は通常、PC に内蔵されたカメラを指しています。別で外付けの Web カメラを使いたい場合は、この数字を 1 やそれ以上の数（2 つ以上のカメラがある場合）にします。

Code 7行目 静止画の取得

read メソッドがカメラで撮影を行う部分です。結果は **ret**（撮影が成功していれば True、失敗していれば False）と画像データ **frame** に格納されます。

Code 10〜11行目 画像の保存

撮影が成功している場合（ret が True の場合）のみ、**imwrite** で画像の保存を行います。

Code 14行目 カメラの解放

前章で扱ったマイクと同様に、一度使えるようにしたカメラは **release** で解放する必要があります。この処理を書かないと、プログラム終了後もカメラがロックされたままになる可能性があり、他のデバイスがカメラを使用できなくなる場合があります。カメラを準備して使用した後、片付けないと（解放しないと）他の人が使えないというようなイメージです（図 5-1-7）。

図 5-1-7　カメラの初期化と解放のイメージ

これから使う
カメラを準備する

カメラを使う

使ったカメラを
片付ける

カメラの初期化　→　撮影・保存　→　カメラの解放

使ったら片付けないとね…

それではコードを実行してみましょう。終了すると movie_capture.ipynb ファイルがあるフォルダに img.jpg という画像ファイルが作成されます。どのような画像が撮影されているか、ファイルを開いて確認してみてください。サイドバーのファイルをダブルクリックすると、新しいタブで画像が開きます。

図 5-1-8 画像が保存されている

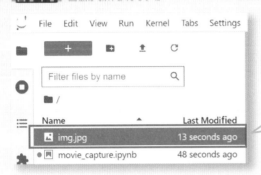

先ほどのコードは画像を自分で開かないと中身を確認できませんでしたが、次のコードを追加することでプログラム実行時に別ウィンドウが立ち上がり、そのウィンドウ内に撮影された画像が表示されます。表示された画像を確認したら、何かキーを押すか、×ボタンでウィンドウを閉じてプログラムを終了させましょう。

Code **5-1-3** ウィンドウへの画像表示（movie_capture.ipynb）

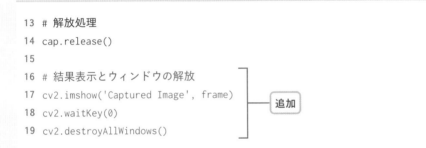

```
13  # 解放処理
14  cap.release()
15
16  # 結果表示とウィンドウの解放
17  cv2.imshow('Captured Image', frame)      ┐
18  cv2.waitKey(0)                            │ 追加
19  cv2.destroyAllWindows()                   ┘
```

図 5-1-9 ウィンドウに画像を表示させた例

新しいウィンドウに画像が表示される

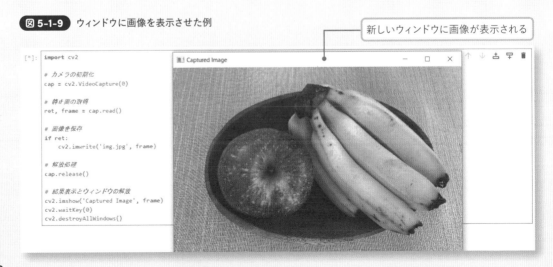

5-2 動画を撮影しよう

5-2-1 秒数を指定して撮影しよう

　OpenCV で静止画を撮影できたので、次は動画を撮影してみましょう。動画は次のページに記載の
フレームの概念で撮影します。先ほどの静止画撮影コードを、次のように修正しましょう。

Code **5-2-1** 動画撮影（movie_capture.ipynb）

```
1  import cv2
2  import time          ●──[ 追加 ]
3
4  # カメラの初期化
5  cap = cv2.VideoCapture(0)
6
7  # 撮影条件
8  frame_rate = 30
9  duration = 10
10 interval = 1 / frame_rate
11 frame_count = int(duration / interval)
12
13 # 動画撮影
14 for i in range(frame_count):
15     ret, frame = cap.read()
16     if not ret:
17         break
18
19     cv2.imshow('Recording', frame)
20
21     if cv2.waitKey(1) & 0xFF == ord('q'):
22         break
23
24     time.sleep(interval)
25
26 # 解放処理
27 cap.release()
28 cv2.destroyAllWindows()
```

[変更]

Code **2行目** **time ライブラリのimport**

time は時間を制御する Python 標準ライブラリです。動画の撮影間隔（Interval）を空けるために用意します。

Code **8行目** **フレームレート**

1秒間に撮影するフレーム数の条件を**フレームレート**と呼びます。このフレームレートを **frame_rate** で設定しています。

スマートフォン等の動画撮影ではフレームレートを 30 にして、1秒間に 30 フレーム撮影することを意味する 30FPS（Frame Per Second）の設定が一般的です。動画撮影といっても、実際は静止画を連続で取得し、パラパラ漫画のように表示させるというイメージを持っておきましょう。

図 5-2-1 動画撮影とフレーム

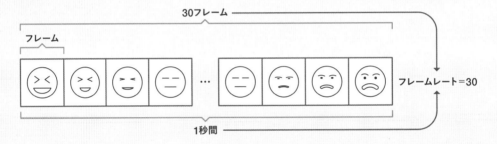

Code **9〜11行目** **撮影時間と撮影に必要なフレーム数の計算**

duration で撮影時間（秒数）を設定します。ここでは 10 秒を設定しています。

interval は撮影時におけるフレームとフレームの間の時間間隔です。30FPS なので 1 秒を 30 で割った値（0.033…秒）になります。撮影に必要なフレーム数である **frame_count** は、全体の撮影時間（duration）を interval で割ることで求められます。割り算が「//」なのは、割った結果を小数点以下で切り捨てた整数にするためです。今回は 10 秒を 0.033…秒で割るので、総フレーム数は 300 になります。

Code **15〜22行目** **撮影と画像表示**

read メソッド で撮影するのは静止画のときと同様です。何らかの理由でフレームが取得できないときは if 文により **break** して撮影を停止します。また、21 行目の **cv2.waitKey(1) & 0xFF == ord('q')** は 1ms（ミリ秒）の待機時間の間に、「q」キーが押されたら撮影を停止するという条件です。

150

Code　24行目　**フレーム間の時間間隔**

for ループの中で time.sleep を使用して、interval で指定した秒数を待機することでフレームとフレームの撮影時間自体に時間間隔を設けます。

　これで動画が撮影できたのかな？　　ファイルを保存して確かめてみよう！　

5-2-2　動画を保存しよう

次は撮影された動画を保存するコードを書きましょう。次のコードを追記してください。

Code　**5-2-2**　動画の保存（movie_capture.ipynb）

```
8  frame_rate = 30
9  duration = 10
10 interval = 1 / frame_rate
11 frame_count = int(duration // interval)
12
13 # 動画保存条件
14 fourcc = cv2.VideoWriter_fourcc(*'mp4v')
15 out = cv2.VideoWriter('movie.mp4', fourcc, frame_rate, (640, 480))
16
17 # 動画撮影
18 for i in range(frame_count):
19     ret, frame = cap.read()
20     if not ret:
21         break
22     out.write(frame)
```

追加（14, 15行目）

追加（22行目）

```
31 # 解放処理
32 cap.release()
33 out.release()
34 cv2.destroyAllWindows()
```

追加（33行目）

fourcc では cv2.VideoWriter_fourcc により mp4 ファイルへ保存する設定をしています。cv2.VideoWriter の引数で動画保存の詳細設定をしていますが、ここでは fourcc の他に動画撮影の設定で使用しているフレームレート（frame_rate）と縦横サイズ（640 × 480pixel）を指定しています。

fourcc って何？

　　fourcc（Four-Character Code）とは、動画ファイルの圧縮形式を指定するために使用される 4 文字のコードです。 mp4 の場合は mp4v、avi の場合は XVID です。読者の皆さんの PC によって再生に対応している動画形式は異なりますが、概ねこの 2 種類のファイル形式は一般的なので、どちらかで動作するはずです。

アンパック演算子

　　「fourcc = cv2.VideoWriter_fourcc(*'mp4v')」の「*'mp4v'」は**アンパック演算子（*）**を使用した引数の渡し方です。cv2.VideoWriter_fourcc は本来（'m', 'p', '4', 'v'）と 4 つの文字を 1 つずつ引数とするメソッドですが、アンパック演算子を使うことで連続した文字列を引数にすることができます。

write で動画保存を行います。動画は 1 ループで 1 フレームずつファイルに追加します。

Code | 33行目 | **動画ファイルの解放**

図 5-2-2 動画ファイル

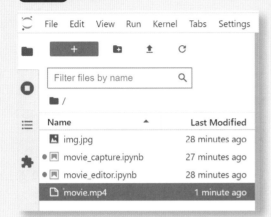

カメラと同様に、動画ファイルも最後に解放する必要があります。この解放を行わないと動画ファイルへの書き込みが正常に終了しなかったり、ファイルが破損したりする可能性があります。

このコードを実行すると、movie_capture.ipynbのあるフォルダに **movie.mp4** という動画ファイルが作成されます。動画を再生して指定秒数撮影できているか確認してみましょう。

図 5-2-3 はアナログ時計を動画撮影した結果です。動画ファイルで 10 秒経過したときに時計の秒針も 10 秒進んでいることから、プログラムは正常に動作していると確認できました。

図 5-2-3 動画撮影コードの検証

Check Point

動画が再生されない......

本書のコードで mp4 ファイルは作成されても、その動画が再生されない場合、お使いの PC に mp4 再生ソフトがインストールされていない可能性があります。次のコードで avi ファイルを作成するか、mp4 ファイルや avi ファイルの再生ソフトをインストールしましょう。

● aviファイルを保存するための修正コード

```
1   # 動画保存条件
2   fourcc = cv2.VideoWriter_fourcc(*'XVID')        ← mp4vをXVIDに変更
3   out = cv2.VideoWriter('movie.avi', fourcc, frame_rate, (640, 480))   ← mp4をaviに変更
```

SECTION 5-3 | タイムラプス動画を撮影しよう

5-3-1 必要な設定を追加しよう

それではタイムラプス動画を撮影するコードを書いてみましょう。**タイムラプスとは、長い時間にわたる変化を短い時間で可視化する映像技術**のことです。タイム（Time）は「時間」を、ラプス（Lapse）は「経過」や「流れ」を意味します。

タイムラプスによる映像はゆっくり変化する現象（植物の成長や天体の動き等）の撮影に向いており、通常では目に見えないような変化の様子を視覚的に捉えることができます。

図 5-3-1 タイムラプス動画のイメージ

また先ほどまでのコードで動画を撮影すると、1秒間に30フレームを取得するため、1分で1800フレーム（30フレーム×60秒）、1時間で108000フレーム（1800フレーム×60分）が必要になります。数時間、半日……と撮影を続けると動画の容量が膨大になってしまいます。そのため、この節では長時間の撮影をしつつ、できるだけフレーム数を少なくできるように、撮影間隔を広く取ることでタイムラプス動画を撮影します。

さっそく、コードを書いてタイムラプス動画を撮影してみましょう。次のコードを追記してください。

Code **5-3-1** タイムラプス動画の撮影（movie_capture.ipynb）

```
 7   # 撮影条件
 8   frame_rate = 10 ┐
 9   duration = 60    │  値を変更
10   interval = 2    ┘
11   frame_count = int(duration / interval)
12
13   # 動画保存条件
14   fourcc = cv2.VideoWriter_fourcc(*'mp4v')
15   out = cv2.VideoWriter('movie_timelapse.mp4', fourcc, frame_rate, (640, 480)) ┐
16                                                                                │  ファイル名変更
17   # 動画撮影
18   for i in range(frame_count):
19       ret, frame = cap.read()
20       if not ret:
21           break
22       out.write(frame)
23
24       cv2.imshow('Recording', frame)
25
26       if cv2.waitKey(1) & 0xFF == ord('q'):
27           break
28
29       time.sleep(interval)
30
31   # 解放処理
32   cap.release()
33   out.release()
34   cv2.destroyAllWindows()
```

Code **8～9行目** **タイムラプス動画のフレームレートと撮影時間**

frame_rate 変数自体は先ほどと同じですが、数値を 30 から 10 に変更しました。先ほどのコードは撮影時の間隔に frame_rate から計算された interval を使っていましたが、今回は動画ファイルの再生速度にのみこの frame_rate を使用します。そして、duration に 60（秒）を設定して先ほどよりも長い時間動画を撮影します。

Code 10行目 フレーム間隔の指定

interval を frame_rate から計算せず、直接指定するように変更します。ここでは2秒を指定しました。こうすることで interval と frame_rate を独立した設定にすることができ、広い時間間隔で撮影を行い、早回し動画の撮影が可能になります。

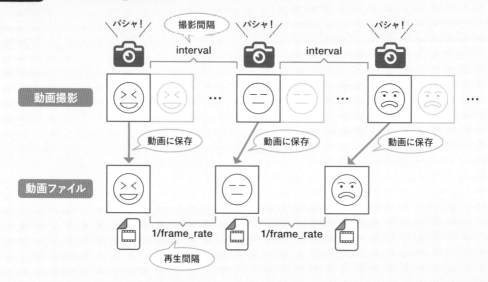

図 5-3-2 interval と frame_rate の関係

Code 15行目 ファイル名変更

ファイル名はタイムラプス動画ということがわかるように「**movie_timelapse.mp4**」にしました。

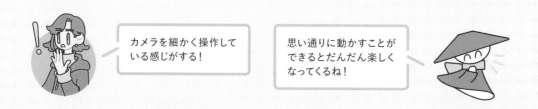

156

図 5-3-3 タイムラプス動画撮影ファイル

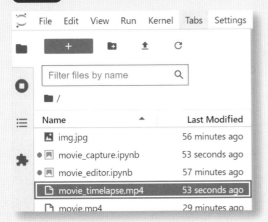

このコードを実行して60秒経過後、movie_capture.ipynb のあるフォルダに **movie_timelapse.mp4** という mp4 ファイル（動画ファイル）が作成されます。

動画を開いて撮影できているか確かめましょう。コードが正しく動作するかどうかの検証をするため、再度アナログ時計を撮影しました。以下の項目が確かめられればプログラムは正しく動作しています。

● フレーム間の間隔が2秒であること（動画ファイルを1コマ進めて秒数を確認）
● 実時間の撮影時間が60秒であること
● 動画再生時間が3秒であること（※1）

図 5-3-4 タイムラプス動画の検証

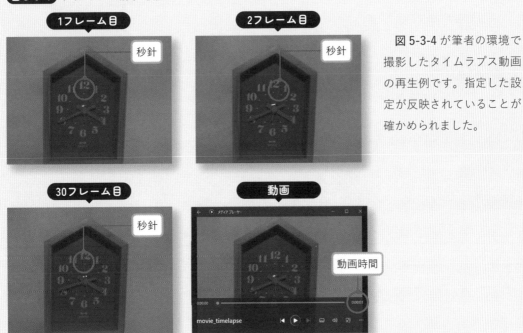

図 5-3-4 が筆者の環境で撮影したタイムラプス動画の再生例です。指定した設定が反映されていることが確かめられました。

※1　撮影時間（duration）60 秒を時間間隔（interval）2 秒で撮影すると、動画全体で30 フレームになります。1 秒当たりの再生フレーム数（frame_rate）が 10 なので、30 フレームの再生に 3 秒かかります。

5-4 画像にエフェクトを追加しよう

　Pythonを使ってタイムラプス動画を撮影することができました。第5章では動画の1コマ1コマに対して**画像処理**を施すことで、さらに演出効果を加えていきます。画像処理とは、画像に対して行う加工を指します。例えば画像全体の色を変更したり、線を目立たせたり、ぼかしたりといった加工があります。

5-4-1 画像を表示しよう

図 5-4-1 画像処理

画像読み込み

↓

画像処理 ── 関数にする
・色調変換処理
・エッジ処理
・ぼかし処理

↓

画像書き込み（保存）

　いきなり動画の処理を行う前に、まずは1枚の画像に対する処理の方法を学びましょう。画像を読み込み、画像処理後の結果をファイルに保存する部分を先に学ぶことで、動画編集のコードにスムーズに繋げられます。

1枚の画像から加工してみよう

　ここから先は5-1節で作成した **movie_editor.ipynb** を編集するので、ノートブックを切り替えましょう。

図 5-4-2 タブの切り替え

movie_editor.ipynbのタブを選択

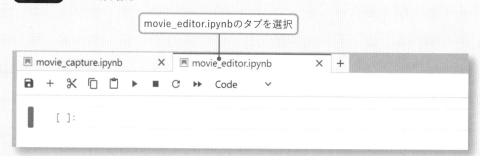

| movie_capture.ipynb | × | movie_editor.ipynb | × | + |

🖫 ＋ ✂ 🗐 📋 ▶ ■ C ⏩ Code ∨

[ ]:

まずは画像ファイルを開いて表示するために、次のコードを書きましょう。画像は、5-1節でPCのカメラを使って撮影したimg.jpgを使用します。

Chapter 5 SECTION

5-4

Code **5-4-1** 画像ファイルを開いて表示（movie_editor.ipynb）

```
1   import cv2
2
3   # 画像ファイルの読み込み
4   img = cv2.imread('img.jpg')
5
6   # 画像の表示
7   cv2.imshow('Image', img)
8   cv2.waitKey(0)
9
10  # ウィンドウの解放
11  cv2.destroyAllWindows()
```

「img.jpg」は任意のファイル名
に置き換えられる

自分で用意した画像を
使うときは「img.jpg」
のところを自分で用意
したファイル名に書き
換えよう

Check Point

画像はどうやって用意するの？

　画像ファイルは、5-1節で作成した画像撮影用のプログラム（Code5-1-2）で用意できます。その他、使いたい画像がある場合はjpgやpngなどの形式で画像ファイルを用意し、ノートブックのあるフォルダに置きましょう。そうすることで、コード中でファイル名を指定して読み込むことができます。著者のブログにもサンプル画像を置いています。以下のページからダウンロードして遊んでみてください。

 https://watlab-blog.com/ikinari-python-book

Code 4行目 **画像ファイルの読み込み**

　cv2.imread で画像ファイル名を指定してファイルを読み込みます。画像ファイルはノートブックが保存されているフォルダの直下に置いてください。

Code 7～8行目 **画像ファイルの表示**

　cv2.imshow で画像を表示させます。**cv2.waitKey** でキー入力待ち状態になります。次に進める場合何かキーを入力したり、「×」ボタンを押してウィンドウを閉じましょう。

Code 11行目 **ウィンドウの解放**

　cv2.destroyAllWindows でウィンドウの解放を行います。

コードを実行すると、別ウィンドウで読み込まれた画像ファイルが表示されます。

図 5-4-3 画像ファイルの表示結果

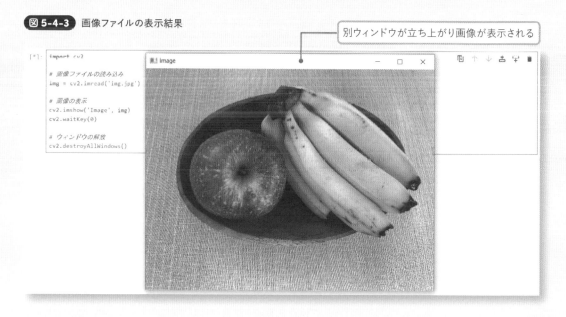

別ウィンドウが立ち上がり画像が表示される

5-4-2 画像処理をしよう

画像をセピア色にしよう

ノスタルジックな効果を出すために画像をセピア色にしてみましょう。次のようにコードを修正してください。

Code 5-4-2 セピア色処理（movie_editor.ipynb）

```
1   import cv2
2   import numpy as np
3
4   def apply_color_tone(img):
5       """画像に色効果を適用する関数"""
6
7       # セピア調にするカラー変換行列
8       sepia_filter = np.array([[0.272, 0.534, 0.131],
9                                [0.349, 0.686, 0.168],
10                               [0.393, 0.769, 0.189]])
11      applied_img = cv2.transform(img, sepia_filter)
12
13      # 値を 0 ～ 255 の範囲に変更
14      applied_img = np.clip(applied_img, 0, 255).astype(np.uint8)
15
16      return applied_img
```

追加

160

```
17
18  # 画像ファイルの読み込み
19  img = cv2.imread('img.jpg')
20
21  # 画像処理を実行
22  applied_img = apply_color_tone(img)          追加
23
24  # 画像の表示
25  cv2.imshow('Image', applied_img) ●           引数を変更
26  cv2.waitKey(0)
27
28  # 画像の保存
29  cv2.imwrite('img_out.jpg', applied_img)       追加
30
31  # ウィンドウの解放
32  cv2.destroyAllWindows()
```

Code　**2行目**　numpyの準備

　画像データは **pixel（ピクセル）** と呼ばれる単位で分割された領域に、明度を表す数値が並べられて構成されています。第3章で使用した NumPy は画像処理でも活躍します。冒頭で import しましょう。

　図 5-4-4 はピクセルと色の値のイメージです。ピクセルには各色要素（BGR：青緑赤）ごとにそれぞれ 0 〜 255 の数値が割り当てられます。

図 5-4-4　ピクセルと色

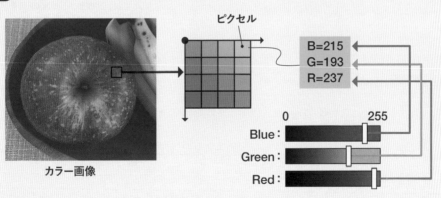

ピクセル

B=215
G=193
R=237

カラー画像

0　　　　　255
Blue：
Green：
Red：

161

画像に色効果を適用する関数

画像に対して色の変換を施すため、**apply_color_tone** 関数を定義します。この関数は画像 img を受け取り、return で色効果を適用させた画像 **applied_img** を返します。

画像処理の分野では画像をセピア色（※2）へ変換する際、**カラー変換行列**を使うのが一般的です。ここでは np.array で指定している数値が、もとの画像をセピア色へ変換する行列です。

カラー変換行列って何？

本文の sepia_filter のような**縦と横にそれぞれ数値が書かれた入れ物を行列と呼びます**。画像情報は青（B）緑（G）赤（R）の３色（これを光の三原色と呼びます）を基本としています。後のページで行列の考え方の説明をしますが、より詳しい説明は画像処理の専門書に委ねます。ここではこの３色に関する係数の役割を果たしているとイメージすれば十分です。

◉カラー変換行列によるセピア色表現の例

```
                              青        緑        赤
sepia_filter = np.array([[0.272, 0.534, 0.131],   青
                         [0.349, 0.686, 0.168],   緑
                         [0.393, 0.769, 0.189]])  赤
```

画像処理の適用と表示

22 行目で先ほど作成した関数に img を渡し、画像処理を実行後、結果を applied_img に格納します。そして 25 行目の cv2.imshow ではこの applied_img を設定することで画像処理後の結果を表示させます。

画像の保存

画像処理を適用した後は **cv2.imwrite** でファイルに保存しましょう。

行列について詳しく
知りたい人は専門の
本を読んでみよう！

※2　セピア色の変換行列は以下の Web サイトを参考にしました。
https://learn.microsoft.com/en-us/archive/msdn-magazine/2005/january/net-matters-sepia-tone-stringlogicalcomparer-and-moremore

こちらが実行結果の例です。セピア色の画像が表示され、ウィンドウを閉じると **img_out.jpg** というファイルが作成されます。どこかレトロな雰囲気になったのではないでしょうか。

図 5-4-5 セピア色処理の例

画像処理前

画像処理後

青・緑・赤の配分を調整しよう

カラー変換行列を使えば、自由に色の操作をすることができます。次は色の配分を操作するコードとして、apply_color_tone 関数に以下の修正を行いましょう。

Code 5-4-3 カラー変換行列（movie_editor.ipynb）

```
7    # セピア調にするカラー変換行列
8    sepia_filter = np.array([[0.272, 0.534, 0.131],
9                              [0.349, 0.686, 0.168],
10                             [0.393, 0.769, 0.189]])
11
12   # カラー変換行列
13   filter = np.array([[0, 0, 1],
14                       [0, 1, 0],                追加
15                       [1, 0, 0]])
16
17   applied_img = cv2.transform(img, filter)      赤字部分変更
18
19   # 値を 0 ～ 255 の範囲に変更
20   applied_img = np.clip(applied_img, 0, 255).astype(np.uint8)
21
22   return applied_img
```

sepia_filter はそのままにしておき、今回は **filter** という要素が 0 と 1 のみの新しい行列を定義しました。このコードを実行すると、画像の中の青が赤、赤が青に変換されます（緑はそのまま）。黄色は緑と赤のかけ合わせのため、全く違う色になります。

図 5-4-6 色変換の例

画像処理前

画像処理後

　カラー変換行列を使えば色の配分を自在に変更可能です。np.array() で定義した行列は**図 5-4-7** のような関係になっています。OpenCV では BGR（青緑赤）の色の順番（※ 3）で、縦方向の「行」と横方向の「列」はそれぞれ 1 つ目が B、2 つ目が G、3 つ目が R と対応します。

図 5-4-7 カラー変換行列

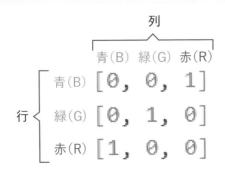

　ここでは数式を使っての説明はしませんが、行列のパレットを使って各色の絵の具を混ぜ合わせているイメージです。本書ではいくつか設定の例を紹介します。

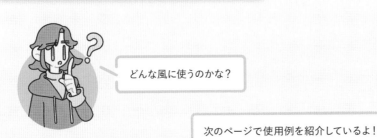
どんな風に使うのかな？

次のページで使用例を紹介しているよ！

※ 3　他のライブラリでは RGB の順番の場合もあります。

カラー変換行列の値を変更した際に色がどのように変化するのか、表 5-4-1 にその例を示します。ここで示す数値はあくまで一例です。この例を参考に、数値を変更して様々な色を作りだしてみてください。

表 5-4-1 カラー変換行列の使用例

カラー変換行列	実行例
①色が変化しない 　左上から対角線上に1を並べると変化しない。 ```\n1 filter = np.array([[1, 0, 0],\n2 [0, 1, 0],\n3 [0, 0, 1]])\n```	●色変化なし
②青色を強調 　青を3倍、緑と赤を0.8倍している。 ```\n1 filter = np.array([[3, 0, 0],\n2 [0, 0.8, 0],\n3 [0, 0, 0.8]])\n```	●青色を強調
③黄色を強調 　黄色は緑と赤を混ぜ合わせた色なので、緑と赤に関係した行列値を調整している。 ```\n1 filter = np.array([[0, 0, 0],\n2 [0, 1, 1],\n3 [0, 1, 1]])\n```	●黄色を強調
④紫色を強調 　紫色は青と赤を混ぜ合わせた色なので、青と赤に関係した行列値を調整している。 ```\n1 filter = np.array([[1, 0, 1],\n2 [0, 0, 0],\n3 [1, 0, 1]])\n```	●紫色を強調

カラー変換行列	実行例
⑤水色を強調 　水色は青と緑を混ぜ合わせた色なので、青と緑に関係した行列値を調整している。 ``` 1 filter = np.array([[1, 1, 0], 2 [1, 1, 0], 3 [0, 0, 0]]) ```	●水色を強調 
⑥全体的に明るくする 　元画像の三原色をすべて3倍にし、画像の輝度を増加する調整をしている。 ``` 1 filter = np.array([[3, 0, 0], 2 [0, 3, 0], 3 [0, 0, 3]]) ```	●全体的に明るくする 
⑦全体的に暗くする 　元画像の三原色をすべて0.3倍にし、画像の輝度を減少させる調整をしている。 ``` 1 filter = np.array([[0.3, 0, 0], 2 [0, 0.3, 0], 3 [0, 0, 0.3]]) ```	●全体的に暗くする 

● エッジを目立たせてイラスト風にしよう

　画像処理でできるのは色変換だけではありません。画像内の物体は少なからず**エッジ**を持ちます。エッジとは、**画像の中で背景と物体、あるいは物体同士を分ける境界線**のことです。このエッジを使った加工もタイムラプス動画では相性のよい演出方法です。ここでは動画に映る物体のエッジを検出することで、動画を劇画風にしてみます。エッジ処理について学びながら、どのような効果となるのかを確認しましょう。

　コードに **apply_edges** 関数を追加し、動画再生の while ループ内で関数を呼び出す処理を追加しましょう。

Code **5-4-4** エッジを目立たせる（movie_editor.ipynb）

```
4  def apply_color_tone(img):
5      """ 画像に色効果を適用する関数 """
```

```
12      # カラー変換行列
13      filter = np.array([[1, 0, 0],
14                          [0, 1, 0],          行列の数値を変更(色変換なし)
15                          [0, 0, 1]])
16
17      applied_img = cv2.transform(img, filter)
18
19      # 値を 0 ～ 255 の範囲に変更
20      applied_img = np.clip(applied_img, 0, 255).astype(np.uint8)
21
22      return applied_img
23
24  def apply_edges(img):
25      """エッジを検出して元画像に重ね書きする関数"""
26
27      # グレースケールに変換
28      gray = cv2.cvtColor(img, cv2.COLOR_BGR2GRAY)
29
30      # エッジを検出
31      edges = cv2.Canny(gray, 100, 200)          追加
32
33      # エッジを黒色で描画
34      img[edges == 255] = (0, 0, 0)
35
36      return img
37
38  # 画像ファイルの読み込み
39  img = cv2.imread('img.jpg')
40
41  # 画像処理を実行
42  applied_img = apply_color_tone(img)
43  applied_img = apply_edges(applied_img)          追加
```

Chapter 5 SECTION

5-4

Code 24～36行目 **エッジを目立たせる関数**

apply_edges 関数は画像に対してエッジを検出した後、そのエッジを黒く塗りつぶして元の画像に重ね書きをする関数です。エッジの抽出に使っている **cv2.Canny** は**グレースケール画像**という画像形式を必要とします。そのためエッジ検出の前にカラー画像を黒から白のグラデーションで表現するグレースケールに変換します。

図 5-4-8 カラー画像とグレースケール画像

カラー画像　　　　グレースケール画像

167

グレースケールに変換された画像からエッジを検出するために使われるのが**Canny エッジ検出**です。エッジは画像内で輝度の変化する境界から検出されます。この境界を判定するために、Canny エッジ検出では 2 つの「閾値」を引数として設定します（引数は計 3 つで残る 1 つは画像データです）。

　画像内の特定の箇所がエッジかどうかは、その箇所の輝度値が閾値を超えるかどうかで判定されます。まず低い閾値を超えている画像の箇所は「エッジの候補」として認識されます。そして、エッジの候補箇所の中で、高い閾値を超えたものが「エッジ」として確定されます。高い閾値でエッジと判断された部分は、たとえ高い閾値を下回っても、連続している限りエッジとみなされます。また、低い閾値を超えていても高い閾値を超えない場合はエッジとみなされません。

図 5-4-9 Cannyエッジ検出のイメージ

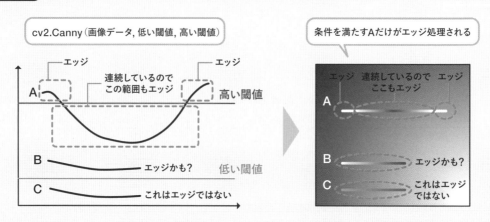

　つまり、画像によっては「cv2.Canny(gray, 100, 100)」のような設定以外に、「cv2.Canny(gray, 200, 300)」のように異なる閾値が最適な場合があります。最もよい結果を得られる閾値の組み合わせを見つけることが大切です。

　上記コードの実行例がこちらです。エッジ検出処理によって、花びらの線が強調されました。写真の中の輪郭線を黒線でなぞったような効果を出すことで、イラストのようなフィクション感が増しましたね。

図 5-4-10 エッジ処理の例

エッジを塗る線は太さを変更することも可能です。コードに次の変更を加えてみましょう。エッジの数が増えてしまったりする場合は、cv2.Canny の閾値を調整してみましょう。

Code 5-4-5 太いエッジにする（movie-editor.ipynb）

```
30      # エッジを検出
31      edges = cv2.Canny(gray, 100, 200)
32
33      # エッジを太くする                                     ┐
34      kernel = np.ones((3, 3), np.uint8)                      ├ 追加
35      edges_dilated = cv2.dilate(edges, kernel, iterations=1) ┘
36
37      # エッジを黒色で描画
38      img[edges_dilated == 255] = (0, 0, 0)  ← 赤字部分変更
39
40      return img
```

kernel = np.ones((3,3), np.uint8) の (3,3) の部分が線のサイズです。数値を大きくしていけば太くなります。cv2.dilate で実際にエッジ（edges）を太くする処理を行い、edges_delated を描画することで、画像に太いエッジが描かれます。

図 5-4-11 エッジを太くした処理の例

画像処理前

画像処理後

輪郭がはっきりしたっ！

ぼかし効果を加えよう

最後は画像にぼかし効果を加える演出方法を紹介します。くっきりとエッジが出ている映像をあえてぼかすことで、全体的に淡い印象を与えることができます。

apply_blur 関数をコードに追加しましょう。

Code **5-4-6** ぼかし処理(movie_editor.ipynb)

```
 4  def apply_color_tone(img):
 5      """画像に色効果を適用する関数"""
```
〜〜〜〜〜〜〜〜〜〜〜〜〜〜〜〜〜〜〜〜〜〜〜〜〜〜〜〜〜〜〜〜〜〜〜〜
```
22      return applied_img
23
24  def apply_edges(img):
25      """エッジを検出して元画像に重ね書きする関数"""
```
〜〜〜〜〜〜〜〜〜〜〜〜〜〜〜〜〜〜〜〜〜〜〜〜〜〜〜〜〜〜〜〜〜〜〜〜
```
40      return img
41
42  def apply_blur(img):
43      """画像全体にぼかし効果を追加する関数"""
44
45      kernel = (15, 15)                                         ┐
46      applied_img = cv2.GaussianBlur(img, kernel, 0)            │  追加
47                                                                │
48      return applied_img                                        ┘
49
50  # 画像ファイルの読み込み
51  img = cv2.imread('img.jpg')
52
53  # 画像処理を実行
54  applied_img = apply_color_tone(img)
55  #applied_img = apply_edges(applied_img)  ●────── コメントアウト
56  applied_img = apply_blur(applied_img)    ●────── 追加
```

Code　45〜46行目　ぼかし効果を適用する関数

ぼかし効果は **cv2.GaussianBlur** にて行いますが、ぼかしの程度は **kernel** で設定します。(15, 15)
はピクセル数を意味しており、中心のピクセルの周りの情報を使って平均化します。中心1ピクセル
と、周りのピクセルでサイズを指定するため奇数とする必要があります。この数値を大きくすること
でより広範囲を平均化できるため、ぼかし効果を強くすることができます。

Code　55行目　コメントアウト

ぼかし効果を確かめるため、エッジを検出する関数はコメントアウトで実行しないようにします。
いろいろなパターンの処理を残しておきたい場合は、新しいノートブックを作成してもよいでしょう。

Code　56行目　ぼかし効果を適用する関数を実行

この行で関数を実行し、**applied_img** に結果を渡します。

こちらが実行結果の例です。ぼかしの効果は幻想的な雰囲気や回想シーンのような演出効果を出せ
ますので、ぜひこれまでの画像処理と組み合わせて自分だけの表現を探してみてください。

図 5-4-12 ぼかし効果処理

画像処理前

画像処理後

セピアとぼかし効果は風
景のタイムラプス動画に
合いそうだね〜

エフェクトは組み合わせ
ながら使ってみよう！

171

5-5 動画を編集しよう

図 5-5-1 動画処理の流れ

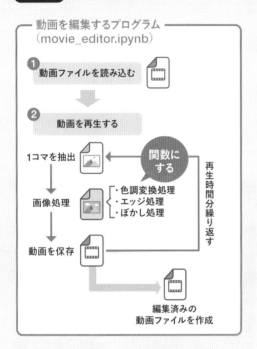

動画を編集するプログラム
（movie_editor.ipynb）

❶ 動画ファイルを読み込む

❷ 動画を再生する

1コマを抽出
関数にする

画像処理
・色調変換処理
・エッジ処理
・ぼかし処理

再生時間分繰り返す

動画を保存

編集済みの
動画ファイルを作成

画像処理の基本を学んだので、最後にそのエフェクトを動画に対して追加しましょう。

画像処理のコードはそのまま使い、**図 5-5-1** に示す「動画の読み込み」「動画の再生」「動画の保存」の処理を作っていきます。

画像処理を複数の
フレームを持つ動
画に応用するよ！

5-5-1 動画の読み込みと保存をしよう

画像処理の関数はそのままに、動画の読み込みから保存、解放を行うため全体的にコードを編集しましょう。

Code **5-5-1** 動画ファイルの編集（movie_editor.ipynb）

```
42 def apply_blur(img):
43     """画像全体にぼかし効果を追加する関数"""
```

```
48     return applicd_img
49
   # 画像ファイルの読み込み          ┐
   img = cv2.imread('img.jpg')      ┘ 削除
```

```
50  # 動画ファイルの読み込み
51  cap = cv2.VideoCapture('movie_timelapse.mp4')
52
53  # フレームレートの取得と再生時間の計算
54  frame_rate = cap.get(cv2.CAP_PROP_FPS)
55  interval = int(1000 / frame_rate)
56
57  # 動画の幅と高さを取得
58  w = int(cap.get(cv2.CAP_PROP_FRAME_WIDTH))
59  h = int(cap.get(cv2.CAP_PROP_FRAME_HEIGHT))
60
61  # 動画保存条件
62  fourcc = cv2.VideoWriter_fourcc(*'mp4v')
63  out = cv2.VideoWriter('movie_timelapse_edited.mp4', fourcc, frame_rate, (w, h))
64
65  # 動画再生
66  while cap.isOpened():
67      ret, img = cap.read()
68      if not ret:
69          break
70
71      # 画像処理を実行
72      applied_img = apply_color_tone(img)
73      #applied_img = apply_edges(applied_img)
74      applied_img = apply_blur(applied_img)
75
76      out.write(applied_img)
77
78      if cv2.waitKey(1) & 0xFF == ord('q'):
79          break
80
81  # ファイルの解放
82  cap.release()
83  out.release()
```

追加

インデントを追加

追加

```
# 画像の表示
cv2.imshow('Image', applied_img)
cv2.waitKey(0)

# 画像の保存
cv2.imwrite('img_out.jpg', applied_img)

# ウィンドウの解放
cv2.destroyAllWindows()
```

削除

cv2.VideoCapture で動画ファイルを読み込みます。ファイル名には 5-3 節のコードで保存した 「movie_timelapse.mp4」を記入しましょう。その他、自分で用意した動画ファイル（mp4 や avi）を指定しても構いません。

cap.get(cv2.CAP_PROP_FPS) は動画ファイルのフレームレート（1 秒当たり何フレームか）を取得するメソッドです。元の動画の再生速度をそのまま設定するため、interval はフレームレートを使って計算します。

動画のサイズとして横幅を **cap.get(cv2.CAP_PROP_FRAME_WIDTH)**、高さを **cap.get(cv2.CAP_PROP_FRAME_HEIGHT)** で取得します。これらの値は浮動小数点型で取得されますが、cv2.VideoWriter では整数として設定する必要があるため **int** を使って整数型に変換しています。

撮影時と同じように、fourcc を設定して **cv2.VideoWriter** で動画保存の設定を行います。ファイル名は「**movie_timelapse_edited.mp4**」で保存されますが、任意の名前で構いません。ここに動画のサイズ **w** と **h** を設定します。

cap.read で動画ファイルから 1 コマずつ画像を読み込みます。

この部分で画像処理（色変換、エッジ処理、ぼかし処理）を行っていますが、必要に応じてコメントアウトすることで任意の処理だけに絞ることができます。

cv2.write が動画を保存する部分です。引数に画像処理後のフレーム（applied_img）を設定します。

Code 82〜83行目 **解放処理**

　動画ファイルの操作が終了したら release で解放します。この処理がないと動画ファイルが正常に
作成されません。

図 5-5-2 画像処理後の動画ファイル

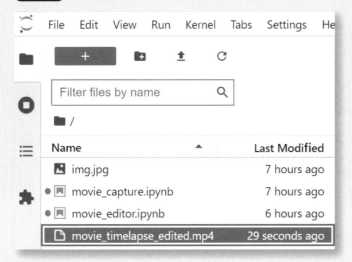

　このコードを実行すると、プログラム実行フォルダに **movie_timelapse_edited.mp4** が作成されます。動画を開いて意図した画像処理が行われているか確認しましょう。

　エフェクトはプログラムの構成を変えるだけでもっと幅が広がります。次のコードはエッジ処理を
さらに際立たせるための例です。

Code **5-5-2** エッジ処理を際立たせる（movie_editor.ipynb）

```
4   def apply_color_tone(img):
5       """ 画像に色効果を適用する関数 """
```

```
12      # カラー変換行列
13      filter = np.array([[5, 0, 0],
14                         [0, 5, 0],
15                         [0, 0, 5]])
16
17      applied_img = cv2.transform(img, filter)
18
19      # 値を 0 〜 255 の範囲に変更
20      applied_img = np.clip(applied_img, 0, 255).astype(np.uint8)
21
22      return applied_img
```

対角線の数値を大きな数にする
（ここでは5）

```
71      # 画像処理を実行
72      applied_img = apply_edges(img)
73      applied_img = apply_color_tone(applied_img)
74      #applied_img = apply_blur(applied_img)
```

エッジ処理を先に行う

色変換をエッジ処理の後に行う

コメントアウト

花の画像に対して画像処理を実行すると、次のような結果が得られます。エッジ処理を先に行ってから画像の輝度を上げる（カラー変換行列の対角項に大きい値を入れる）と、よりイラストのような雰囲気が出ます。読者の皆さんも画像処理を使いこなし、ぜひ自分だけのカスタマイズをしてみてください！

図 6-6-3 エッジ処理を先に行った例

よーし！ 映える作品に
なる画像処理を考えて
みるぞ！

みんなもオリジナルな
効果を考えてみてね！

Chapter
6

AIカメラが捉える幸せの瞬間！
「笑顔キャプチャーカメラ」

Chapter 6

幸せの瞬間！ AIカメラが捉える

この章で作成するアプリ

この章で作るアプリは「笑顔キャプチャーカメラ」です。
PCのカメラにAIを搭載し、人の顔の認識や笑顔でいる状態の
判定ができるスマートカメラを作ってみましょう。

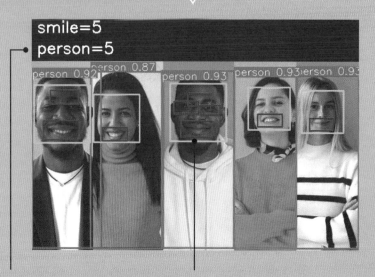

Check!

全体の人数と笑顔の人数を表示！

カメラに映っている「全体の人数」と「笑顔の状態でいる人数」を画面上に表示します

Check!

物体検出で人を発見！

カメラに映った物体を分析し、人を検出します。さらにその人が「笑顔かどうか」を判定できるようにします

Check!

全員が笑顔になったら写真撮影！

カメラに映っているすべての人が笑顔になった瞬間、写真を撮影し、画像を保存します

Roadmap

ロードマップ

SECTION
6-1 物体検出の準備をしよう
＞P180

> 学習済みモデルを使うよ！

SECTION
6-2 いろいろな物体を検出してみよう
＞P184

> 正しく検出されるかな？

SECTION
6-3 人だけを検出できるようにしよう
＞P188

> 人を認識するカメラを作ろう！

SECTION
6-4 人数を表示しよう
＞P190

> 人数を画面上に表示できるようにするよ

SECTION
6-5 笑顔を検出しよう
＞P195

> 人の表情を分析して笑顔かどうか判定！

SECTION
6-6 全員が笑顔になったら撮影しよう
＞P203

> これでシャッターチャンスを逃さない！

FIN

Point

—— この章で学ぶこと ——

- ☑ 機械学習モデルを使って物体検出を学ぶ！
- ☑ 物体検出のプログラムと画像処理を併用する！
- ☑ 笑顔を検出する方法を学ぶ！

Chapter 6

Go to the next page! →

SECTION 6-1 物体検出の準備をしよう

6-1-1 プログラムの全体像を確認しよう

図 6-1-1 処理の流れ

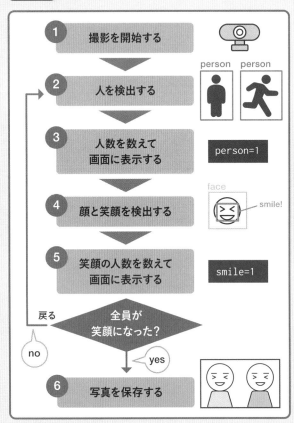

本章では第5章でも扱ったカメラに対して、カメラのフレームに映った物体から「**人を検出する**」という機能を追加します。さらに人の表情を読み取り、笑顔の人の数を数えられるようにします。これらの機能を組み合わせることで、フレームに収められた全員が笑顔になった瞬間の写真を撮影できるアプリを作成します。プログラムを書き始める前に、**図6-1-1**で全体像を確認しましょう。

物体検出…なんだかわくわくする響き!

6-1-2 物体検出のライブラリを用意しよう

　第5章では Python による動画撮影や画像処理の方法を学び、カメラの取り扱いができるようになりました。この第6章ではプログラミングにおけるカメラの扱いをさらに発展させて、**物体検出**をしてみましょう。物体検出とは、画像から物体の種類・位置・個数等を取得する技術です。物体検山の処理も、外部ライブラリの力を使うことで手軽に実現することができます。カメラにいろいろな機能を追加するプログラミングを学んでみましょう。

物体検出の外部ライブラリは **ultralytics** を使います。Windows であればコマンドプロンプト、macOS であればターミナルを起動して次のコマンドを実行しましょう（macOS の場合は pip を pip3 に変更しましょう）。この操作には数分かかる場合があります。

Command **6-1-1** ultralyticsのインストール

```
1   pip install ultralytics
```

図 6-1-2 pip install

```
コマンド プロンプト
Microsoft Windows [Version 10.0.19045.3930]
(c) Microsoft Corporation. All rights reserved.

C:¥Users¥wat>pip install ultralytics
```

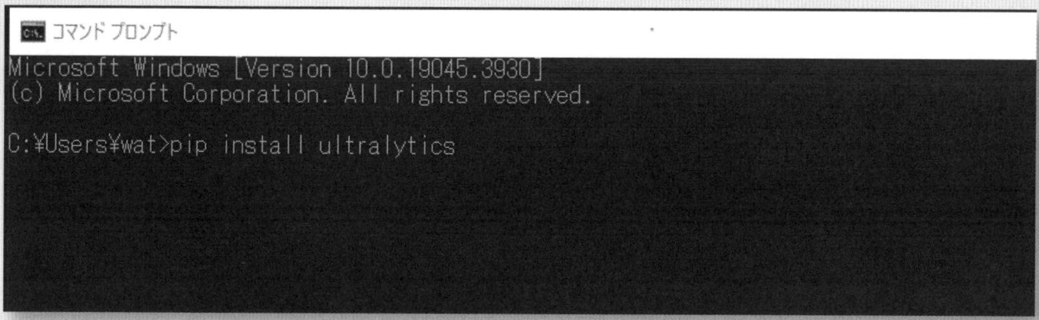

上記コマンドで最新版がダウンロードされますが、本書と同じバージョンにそろえる場合は「**ultralytics==8.2.12**」とバージョンを指定します。

6-1-3 学習済みモデルをダウンロードしよう

1 新規ノートブックを用意しよう

それではさっそくプログラミングを開始します。これまでの章と同様に、デスクトップに作成した「Python-Project」フォルダの中に「**第 6 章**」フォルダを作成します。次に第 1 章の 13 ページと同様の手順で、「第 6 章」フォルダにノートブックを作成します。作成されたノートブックの名前を「**smile_capture.ipynb**」としましょう。

2 物体検出の外部ライブラリをimportしよう

ノートブックが作成できたら、次のコードをノートブックに書いて、外部ライブラリの ultralytics から **YOLO** を import します。import する YOLO はモジュール名のことですが、YOLO という名前は物体検出技術の名称でもあります。

181

Code 6-1-1 YOLOのimport

```
1  from ultralytics import YOLO
```

このコードを実行してエラーが出なければ、ultralyticsは正常にインストールされています。

YOLOとは？

YOLO とは You Only Look Once の略で、物体検出のための技術のことです。YOLO が開発されるまで、物体検出には多くの処理を必要としていました。YOLO は、一度の画像処理で精度の高い物体検出を行うことができます。ultralytics の YOLOv8 に関する資料を下の URL から確認できます。

🌐 https://docs.ultralytics.com/ja

3 学習済みモデルをダウンロードしよう

　第 4 章では音声認識に関する学習済みモデルを使いましたが、今回は物体検出に関する学習済みモデルである YOLO を使います。YOLO はモデルのダウンロードが必要です。次のコードを書いて実行してみましょう。

Code 6-1-2 学習済みモデルの準備

```
1  from ultralytics import YOLO
2
3  # モデルを設定          ← 追加
4  model = YOLO('yolov8n.pt')  ← 追加
```

学習済みモデルについては107ページを参照しよう

　コードを実行すると進捗バーが表示され、YOLO の学習済みモデルのダウンロードが開始されます。100% になったらダウンロードが完了します。

図 6-1-3 学習済みモデルのダウンロード

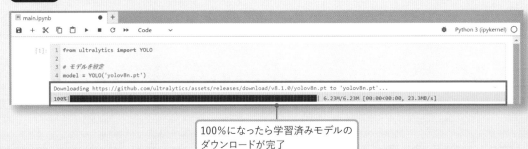

100%になったら学習済みモデルの
ダウンロードが完了

図 6-1-4 モデルファイル

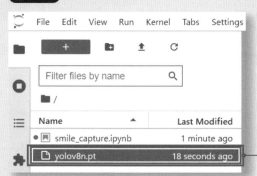

ここでは yolov8n.pt というモデルがダウンロードされます。これはバージョン 8 の YOLO という意味です。モデルはプログラム実行フォルダ内にダウンロードされます。

学習済みモデル

Code | 4行目 | **モデルの読み込み**

YOLO('yolov8n.pt') で「**yolov8n.pt**」という学習済みモデルの読み込みを行っています。YOLO の学習済みモデルは表 6-1-1 に示す通り複数あり、計算速度と検出精度はトレードオフの関係にあります。本書では一番速度が速いモデルを使いますが、PC の性能に余裕がある場合はぜひ精度の高いモデルを使ってみてください。ただし、精度の高いモデルはファイルサイズが大きいのでダウンロードにも時間がかかります。

表 6-1-1 YOLOの学習済みモデル（※1）

モデル	サイズ	速度	精度
yolov8n.pt	6.23MB	速い	低い
yolov8s.pt	21.5MB	↑	↑
yolov8m.pt	49.7MB		
yolov8l.pt	83.7MB	↓	↓
yolov8x.pt	131MB	遅い	高い

いろいろなモデルがあるんだね！

.ptファイルって何？

ultralytics における YOLO の学習済みモデルは **.pt ファイル**で作成されています。.pt ファイルは PyTorch という機械学習・ディープラーニング用ライブラリで作成されたファイルです。ultralytics を pip install したときに、torch という外部ライブラリが依存ライブラリとしてインストールされています。以下のコードでモデルの中身を確認することができるので、興味のある人は実行してみましょう。

● モデルの中身を確認する

```
1  import torch
2
3  # モデルの中身を確認
4  model = torch.load('yolov8n.pt')
5  print(model)
```

※1　モデル名に付されているアルファベットはそれぞれ「n」は「nano」、「s」は「small」、「m」は「medium」、「l」は「large」、「x」は「extra large」という意味です。

SECTION

6-2 いろいろな物体を検出してみよう

6-2-1 動画撮影をしよう

図 6-2-1 動画撮影処理

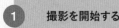

1　撮影を開始する

物体検出をする前に、まずは動画撮影部分のコードを書きます。動画撮影部分のコードは第5章と同様です。ただし、第5章は一定時間経過後に自動的に撮影を停止していましたが、ここでは**[q] キーが押されるまで撮影を継続します**。撮影を終了したい場合は、ウィンドウをアクティブにしてからキーボードの [q] キーを押してください。

　次のコードを追加しましょう。一度に while 文や if 文を書くのでインデントに注意します。実行すると、第5章と同様に動画撮影が開始されます。

Code **6-2-1** 動画撮影

```
1   from ultralytics import YOLO
2   import cv2                              ← 追加
3
4   # モデルを設定
5   model = YOLO('yolov8n.pt')
6
7   # 動画撮影を開始
8   cap = cv2.VideoCapture(0)
9
10  while cap.isOpened():
11      # フレームを抽出する
12      ret, frame = cap.read()
13                                 ← whileのインデント
14      if ret:
15          # 画像を表示           ← 1つ目のifのインデント
16          cv2.imshow('Playing', frame)
17
18          # q キーが押されたらウィンドウを閉じる
19          if cv2.waitKey(1) & 0xFF == ord("q"):
20              break              ← 2つ目のifのインデント
```

← 追加

```
21      else:
22          break
23
24  # 解放処理
25  cap.release()
26  cv2.destroyAllWindows()
```

elseのインデント

6-2-2 物体検出をしよう

動画撮影中に物体検出を行うために、次のコードを追記しましょう。

Code 6-2-2 物体検出

```
10  while cap.isOpened():
11      # フレームを抽出する
12      ret, frame = cap.read()
13
14      if ret:
15          # 物体検出
16          results = model(frame, verbose=False)
17          img_annotated = results[0].plot()
18
19          # 画像を表示
20          cv2.imshow('Playing', img_annotated)
```

追加

赤字部分変更

Code 16行目 物体検出の実行

model(frame) でカメラによって撮影された **frame** の物体検出を行います。通常は物体の検出結果の位置情報などが出力ウィンドウに大量に表示されますが、今回はその情報を使用しないため、**verbose=False** を設定して非表示にしています。

Code 17行目 結果を描画

results[0].plot() は物体検出の結果を重ね描きした画像を生成します。

次の2つの図は、猫とコーヒーカップに対して物体検出を行った結果です。猫やコーヒーカップ以外にも、ダイニングテーブルやスプーンが検出されました。物体を囲う四角形の枠は**バウンディングボックス**と呼ばれ、ボックスの左上に検出された物体の名称（cat や cup）と数値が併記されています。この数値は確率を意味し、1に近いほど信頼の高い結果であることを示します。

図 6-2-2 物体検出例1

図 6-2-3 物体検出例2

USBタイプのWebカメラをお持ちの場合は周囲の物体を撮影してみましょう。

また、次のページで紹介する「画像ファイルに対する物体検出方法」に記載のコードでカメラを使わなくても物体検出を体験できます。

ちなみに model = YOLO('yolov8n.pt') の後に print(model.names) を実行することで、YOLO が検出できるクラス（その物体の種類）一覧を確認できます。

表 6-2-1 クラス一覧

0：person	人	25：umbrella	傘
1：bicycle	自転車	26：handbag	ハンドバッグ
2：car	車	27：tie	ネクタイ
3：motorcycle	バイク	28：suitcase	スーツケース
4：airplane	飛行機	29：frisbee	フリスビー
5：bus	バス	30：skis	スキー板
6：train	電車	31：snowboard	スノーボード
7：truck	トラック	32：sports ball	ボール
8：boat	ボート	33：kite	凧
9：traffic light	信号	34：baseball bat	野球バット
10：fire hydrant	消火栓	35：baseball glove	野球グローブ
11：stop sign	一時停止標識	36：skateboard	スケートボード
12：parking meter	駐車料金計	37：surfboard	サーフボード
13：bench	ベンチ	38：tennis racket	テニスラケット
14：bird	鳥	39：bottle	ボトル
15：cat	猫	40：wine glass	ワイングラス
16：dog	犬	41：cup	カップ
17：horse	馬	42：fork	フォーク
18：sheep	羊	43：knife	ナイフ
19：cow	牛	44：spoon	スプーン
20：elephant	象	45：bowl	ボウル
21：bear	熊	46：banana	バナナ
22：zebra	シマウマ	47：apple	りんご
23：giraffe	キリン	48：sandwich	サンドウィッチ
24：backpack	バックパック	49：orange	オレンジ

50：broccoli	ブロッコリー	66：keyboard	キーボード
51：carrot	にんじん	67：cell phone	携帯電話
52：hot dog	ホットドッグ	68：microwave	電子レンジ
53：pizza	ピザ	69：oven	オーブン
54：donut	ドーナツ	70：toaster	トースター
55：cake	ケーキ	71：sink	シンク
56：chair	椅子	72：refrigerator	冷蔵庫
57：couch	ソファー	73：book	本
58：potted plant	鉢植え	74：clock	時計
59：bed	ベッド	75：vase	花瓶
60：dining table	テーブル	76：scissors	はさみ
61：toilet	トイレ	77：teddy bear	テディベア
62：tv	テレビ	78：hair drier	ドライヤー
63：laptop	ノートPC	79：toothbrush	歯ブラシ
64：mouse	マウス		
65：remote	リモコン		

 ## 画像ファイルに対する物体検出方法

　次のようにコードを書くことで、任意の画像ファイルを読み込んで物体検出を行うこともできます。著者のブログにダウンロード可能なサンプル画像ファイルを用意しました。以下のリンクからアクセスしてコードをお試しください。

 https://watlab-blog.com/ikinari-python-book/

●画像に対する物体検出

```
1   from ultralytics import YOLO
2   import cv2
3
4   # モデルを設定
5   model = YOLO('yolov8n.pt')
6
7   # 画像を読み込む（プログラム実行フォルダに img.jpg を置く）
8   img = cv2.imread('img.jpg')
9
10  # 物体検出を実行
11  results = model(img)
12  img_annotated = results[0].plot()
13
14  # 結果を表示
15  cv2.imshow('Result', img_annotated)
16  cv2.waitKey(0)
17  cv2.destroyAllWindows()
```

6-3 | 人だけを検出できる ようにしよう

6-3-1 クラスを指定して物体検出をしよう

　ここまでのコードで物体検出をすると、学習済みモデルに登録されているクラスをすべて検出します。こちらの図は交差点における人の往来を撮影した例ですが、人（person）の他にも複数種類の車（car、track、bus）が検出されています。

図 6-3-1 人と車が検出されている

図 6-3-2 人を検出する処理

2	人を検出する

　この節ではカメラに映った人の数をカウントするという機能を付けます。検出された複数の種類の物体から人だけを抽出して数えることもできますが、コードを簡単にするためにも、**「検出する対象を人だけに限定する」**というアプローチでプログラミングしてみましょう。

人を検出するにはクラスを指定して物体検出を行います。物体検出をするのは **model(frame)** の部分なので、この部分の引数にクラスを指定する設定を追加しましょう。

Code 6-3-1 　人だけを検出

```
10  while cap.isOpened():
11      # フレームを抽出する
12      ret, frame = cap.read()
13
14      if ret:
15          # 物体検出
16          results = model(frame, verbose=False, classes=0)  ●──[赤字追加]
```

　人（person）のクラスは **0** です（186 ページのクラス一覧を参照）。そのため、人を検出する場合、classes には 0 を指定します。仮に複数の物体を検出したい場合は、**classes=[0, 2]** のようにリストで記述します（[0, 2] は人と車の 2 つだけを検出する設定です）。
　classes=0 を追加したコードを実行すると、車が検出されなくなります。

図 6-3-3 　人だけを検出した例

車が検出されなくなった

6-4 | 人数を表示しよう

6-4-1 検出した物体を数えよう

図 6-4-1 人数をカウントする

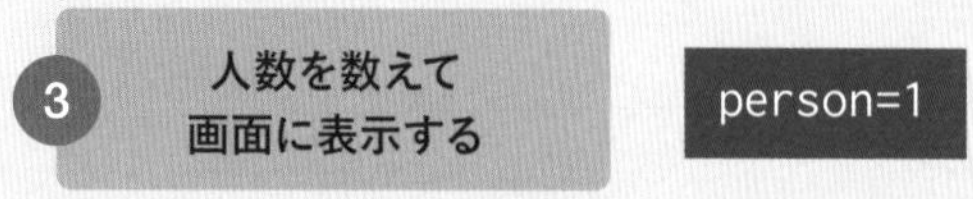

3 人数を数えて
画面に表示する   person=1

PC カメラが人だけを検出するスマートカメラに変身しました。次は映った人の数をカウントし、画面に表示できるようにします。

検出した物体の数を数えるために、次のコードを追加しましょう。

Code 6-4-1 クラスを数える

```
15        # 物体検出
16        results = model(frame, verbose=False, classes=0)
17        img_annotated = results[0].plot()
18
19        # 分析
20        class_list = results[0].boxes.cls          追加
21        count_class = len(class_list)
```

Code 20行目 検出されたクラスを抽出

results[0].boxes.cls はバウンディングボックスの情報から検出された物体の全クラスを取得します。

Code 21行目 人数をカウント

今回は検出対象を人に限定するために、クラスには人（0）のみを指定しました。そのため、全クラスが格納されたリスト内の要素数がそのまま検出された人の数となります。要素数は **len(class_list)** を使用して計算します。

6-4-2 人数を表示しよう

図 6-4-2 人数を画像に描画する処理の概要

2 四角形の中に人数を表示

1 黒い四角形（拡張領域）を元画像の上に追加

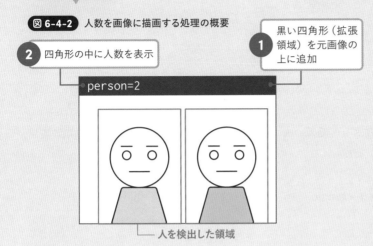

person=2

└─ 人を検出した領域

数えた人数を確認するために、撮影画面（画像）に結果を表示しましょう。図 6-4-2 は人数を表示する処理の概要です。元の画像の上から数字を上書きすると、元の画像の色によっては文字が見づらくなってしまいます。そのため、**黒い四角形を元の画像の上に追加し、その四角形の中に人数のカウント結果を描画する**ようにします。

1 元画像に黒い四角形を追加しよう

人数を表示する処理をまとめるために、**text_overwrite_to_image** 関数を作成します。まずは黒い四角形を元画像の上に追加するために、次のコードを追加しましょう。

Code 6-4-2 黒い四角形を画像の上に追加

```
1   from ultralytics import YOLO
2   import cv2
3   import numpy as np          ● 追加
4
5   def text_overwrite_to_image(img):
6       """テキストを画像に描画する関数"""
7
8       # 画像の横サイズを取得
9       img_width = img.shape[1]
10
11      # 黒い四角形（拡張領域）を作成
12      extension_height = 40
13      black_rectangle = np.zeros((extension_height, img_width, 3), dtype=np.uint8)
14
15      # 元の画像と黒い四角形を結合
16      extended_img = np.vstack((black_rectangle, img))
17
18      return extended_img
```
〜〜〜〜〜〜〜〜〜〜〜〜〜〜〜〜〜〜〜〜〜〜〜〜〜〜〜〜〜〜〜〜〜〜〜〜〜〜
```
39      # 画像を表示
40      img_annotated = text_overwrite_to_image(img_annotated)   ● 追加
41      cv2.imshow('Playing', img_annotated)
```

追加（11〜18行目）

191

画像処理を行うために、**NumPy** を import します。

text_overwrite_to_image がテキストを画像に表示する処理をまとめた関数です。まずは、画像 img を受け取って黒い四角形を追加し、加工された画像を return で返す処理のみを書いています。**img.shape[1]** で画像のサイズを取得し、画像の幅（**img_width**）と高さ（**extension_height**）の値を使って、**np.zeros** で黒い四角形を作成します（幅と高さの単位はピクセルです）。np.zeros は 0 だけで構成された行列を作成します（BGR で示される色は 0 が黒を意味します）。

np.vstack で黒い四角形（**black_rectangle**）を元画像（img）のさらに上の領域に追加します。

text_overwrite_to_image 関数を実行します。

このコードを実行すると、元画像の上の領域に黒い四角形が追加されたウィンドウが表示されます。

図 6-4-3 黒い四角形が追加された

① 黒い四角形を追加

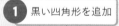

② 人数を画像に表示しよう

人数を実際に表示する部分の処理を追加して、関数を完成させましょう。次のコードを追加してください。

Code 6-4-3 人数の描画

```
5    def text_overwrite_to_image(img, text, position):     ← 赤字部分追加
6        """テキストを画像に描画する関数"""
```

```
15     # 元の画像と黒い四角形を結合
16     extended_img = np.vstack((black_rectangle, img))
17
18     # 文字の設定
19     font = cv2.FONT_HERSHEY_SIMPLEX
20     font_scale = 1
21     font_color = (255, 255, 255)
22     font_thickness = 2
23
24     # 画像にテキストを上書き
25     cv2.putText(extended_img,
26               text=text,
27               org=position,
28               fontFace=font,
29               fontScale=font_scale,
30               color=font_color,
31               thickness=font_thickness)
32
33     return extended_img
```

追加

```
54       # 画像を表示
55       img_annotated = text_overwrite_to_image(img_annotated, f'person={count_class}', ↵
    (10, 25))
56       cv2.imshow('Playing', img_annotated)
```

赤字部分追加

Code 5行目, 55行目 **引数の追加**

　関数の引数にテキスト（**text**）と、テキストを配置する位置情報（**position**）を設定します。position はテキストの書き出しの位置（テキストの左下が書き出し）を示しています。画像の座標は左上が (0, 0) です。

図 6-4-4 テキストの書き出し位置

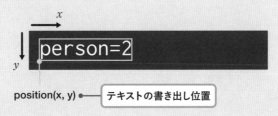

position(x, y) ●── テキストの書き出し位置

テキストの設定

文字を書くためにフォント（font）、文字の大きさ（font_scale）、文字の色（font_color）、文字の太さ（font_thickness）を設定します。

テキストの表示

cv2.putText で画像にテキストを表示します。

このコードを実行すると、元画像の上に追加した黒い四角形に白い文字で「person= ○」と表示されます。人が検出できる精度は画像によりますが、**図 6-4-5** の例では 13 人を一度にカウントできました。

図 6-4-5 人数カウント結果

SECTION
6-5 笑顔を検出しよう

図 6-5-1 笑顔の人の数を画像に表示する

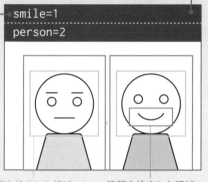

1 黒い四角形(拡張領域)を追加

2 笑顔の人数を表示

顔を検出した領域　笑顔を検出した領域

次は人の顔を検出する機能を作りましょう。顔の検出は最近のスマートフォンのカメラにも備えられていますが、OpenCV を使えば Python でも作ることができます。ただ顔を検出するだけではなく、人の表情から笑顔を検出することもできるようにアレンジを加えます。そして、笑顔の人の数を画像上に表示できるようにしましょう。処理の概要を図 6-5-1 にまとめました。

6-5-1 顔の領域を抽出しよう

まずは、画像の中で人を検出した領域から、さらに**顔の部分だけを検出**できるようにします。顔を検出する処理を **detect_faces** 関数にまとめるため、次のようにコードを修正しましょう。

Code 6-5-1 顔の検出

```
5   def text_overwrite_to_image(img, text, position):
6       """テキストを画像に描画する関数"""

33      return extended_img
34
35  def detect_faces(frame, person_box, face_cascade):
36      """顔を検出する関数"""
37
38      # 物体検出領域から顔を検出
39      x1, y1, x2, y2 = int(person_box[0]), int(person_box[1]), int(person_box[2]), ⏎
    int(person_box[3])
40      roi_gray = cv2.cvtColor(frame[y1:y2, x1:x2], cv2.COLOR_BGR2GRAY)
41      faces = face_cascade.detectMultiScale(roi_gray, 1.1, 4)
42
```

追加

```
43        # 顔検出結果をバウンディングボックスで描画
44        for (fx, fy, fw, fh) in faces:
45            roi_face_gray = roi_gray[ty:ty+th, tx:tx+tw]
46            face_top_left = (x1 + fx, y1 + fy)
47            face_bottom_right = (x1 + fx + fw, y1 + fy + fh)
48            cv2.rectangle(frame, face_top_left, face_bottom_right, (0, 255, 0), 2)
49
50        return frame
51
52    # モデルを設定
53    model = YOLO('yolov8n.pt')
54    face_cascade = cv2.CascadeClassifier(cv2.data.haarcascades + 'haarcascade_frontalface_⏎
      default.xml')  ●──[ 追加 ]
```

```
68            # 分析
69            class_list = results[0].boxes.cls
70            count_class = len(class_list)
71
72            # 物体検出部分の領域を取得
73            person_boxes = results[0].boxes.xyxy
74                                                                              ]──[ 追加 ]
75            # 顔検出
76            for box in person_boxes:
77                img_annotated = detect_faces(img_annotated, box, face_cascade)
```

Code `54行目` **OpenCVの顔の検出モデル**

cv2.CascadeClassifier() に顔の検出に使うモデルを設定します。OpenCV を pip install したとき
に、ここで呼び出している「**haarcascade_frontalface_default.xml**」もインストール先に用意され
ます。

Code `73行目` **人を検出した領域の取得**

results[0].boxes.xyxy でバウンディングボックスの座標点（四角形の 4 隅の点）を取得します。

Code `76〜77行目` **顔の検出関数の実行**

顔検出関数 detect_faces() を実行します。引数として、人を検出した画像（**img_annotated**）と領
域の情報（**box**）、顔検出モデル（**face_cascade**）を渡して、顔を検出した結果を表示した画像を受
け取ります。

Code 35〜50行目 **顔の検出関数**

顔検出関数 detect_faces は顔を検出するフレーム（**frame**）と、人が検出された領域の座標（**person_box**）、顔検出モデル（**face_cascade**）を受け取り、顔の領域を示す処理を加えた画像をreturn で返します。

Code 39〜40行目 **グレースケール画像への変換**

図 6-5-2 人を検出した領域の抽出とグレースケール処理

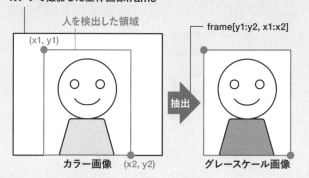

カメラで撮影した全体画像frame

人を検出した領域

(x1, y1)

frame[y1:y2, x1:x2]

抽出

カラー画像　(x2, y2)　グレースケール画像

OpenCV で行う顔の検出には、**グレースケール画像でトレーニングされたモデル**を使います。そのため、顔の検出を行う画像を一度グレースケールにする必要があります。**roi_gray** は人を検出した領域の範囲のみを cv2.cvtColor でグレースケール画像へ変換しています。

Code 41行目 **顔の検出**

図 6-5-3 顔検出

顔を検出した領域

グレースケールにした画像から**face_cascade.detectMultiScale** で顔の検出を行います。face_cascade.detectMultiScale の第一引数はグレースケール画像ですが、その他の引数については 200 ページの CheckPoint「顔や笑顔が検出されない場合の対処法」を参照してください。

Code 44〜48行目 **顔の検出結果を描画**

図 6-5-4 顔検出領域の座標

face_top_left

face_bottom_right

faces は顔がどの位置にあるかを示す座標情報です。この座標情報を使って **cv2.rectangle** による描画を行います。こうすることで、顔の検出結果が正しいかどうかを視覚的に検証できます。顔の検出領域の描画には左上の座標（**face_top_left**）と右下の座標（**face_bottom_right**）を使用します。

こちらが実行結果の例です。人が検出されたことを示す赤いバウンディングボックスの中に、顔が検出された結果を示す緑色のバウンディングボックスが追加されました（※2）。

図 6-5-5 顔の検出結果

6-5-2 笑顔を検出しよう

　顔の検出がうまくいったら、次はその表情を分析し、笑顔を検出できるようにします。

　笑顔の検出も、まずはモデルの設定をするところから始めます。次のコードに示すように **smile_cascade** を追記し、detect_faces 関数の引数も変更しましょう。

Code **6-5-2** 笑顔を検出するモデルの設定

```
52  # モデルを設定
53  model = YOLO('yolov8n.pt')
54  face_cascade = cv2.CascadeClassifier(cv2.data.haarcascades + 'haarcascade_frontalface_↵
    default.xml')
55  smile_cascade = cv2.CascadeClassifier(cv2.data.haarcascades + 'haarcascade_smile.xml')
```

追加

```
76      # 顔検出
77      for box in person_boxes:
78          img_annotated = detect_faces(img_annotated, box, face_cascade, smile_cascade)
```

追加

※2　画像は商用利用可能な videoAC の動画素材を使用しています。動画に対する本コードの適用方法や動画サンプルについては、以下のリンク先を参照ください。
　　　https://watlab-blog.com/ikinari-python-book/

detect_faces 関数は次の修正を行います。

Code **6-5-3** 笑顔の検出

```
35  def detect_faces(frame, person_box, face_cascade, smile_cascade):  ← 赤字部分追加
36      """顔を検出する関数"""
```
〜〜〜〜〜〜〜〜〜〜〜〜〜〜〜〜〜〜〜〜〜〜〜〜〜〜〜〜〜〜〜〜〜
```
43      # 顔検出結果をバウンディングボックスで描画
44      for (fx, fy, fw, fh) in faces:
45          roi_face_gray = roi_gray[fy:fy+fh, fx:fx+fw]
46          face_top_left = (x1 + fx, y1 + fy)
47          face_bottom_right = (x1 + fx + fw, y1 + fy + fh)
48          cv2.rectangle(frame, face_top_left, face_bottom_right, (0, 255, 0), 2)
49
50          # 笑顔を検出
51          smiles = smile_cascade.detectMultiScale(roi_face_gray, 1.8, 20)
52          for (sx, sy, sw, sh) in smiles:
53              smile_top_left = (x1 + fx + sx, y1 + fy + sy)
54              smile_bottom_right = (x1 + fx + sx + sw, y1 + fy + sy + sh)
55              cv2.rectangle(frame, smile_top_left, smile_bottom_right, (255, 0, 0), 2)
56
57      return frame
```
追加

Chapter 6 SECTION

6-5

Code 51〜55行目 **笑顔の検出**

図 6-5-6 笑顔の特徴を検出

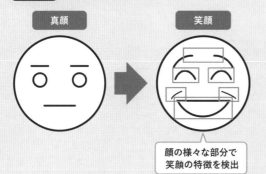

真顔 → 笑顔

顔の様々な部分で
笑顔の特徴を検出

smile_cascade.detectMultiScale で笑顔の
検出を行います。笑顔として検出される表情
は、主に口角の上昇や歯の見え方に特徴があり
ます。そのため１つの顔の領域に対して複数の
笑顔の特徴が検出される可能性があります。笑
顔の領域も顔と同様に左上の座標 **smile_top_
left** と右下の座標 **smile_bottom_right** で元画
像に四角形（バウンディングボックス）を描画
します。

このコードを実行すると、人の検出→顔の検出に加え、検出した笑顔の特徴に青色のバウンディングボックスが描画されます。

図 6-5-7 笑顔の検出例

━━━━━ **Check Point** ━━━━━

顔や笑顔が検出されない場合の対処法

顔の検出を行っている部分と笑顔を検出している部分の両方で **detectMultiScale** を使っています。顔や笑顔の検出がうまくいかないときは、detectMultiScale の 2 番目の引数（**scaleFactor**）と 3 番目の引数（**minNeighbors**）を調整しましょう。どちらも値が小さいと検出しやすくなり、値が大きいと検出しにくくなります。

図 6-5-8 detectMultiScaleの設定

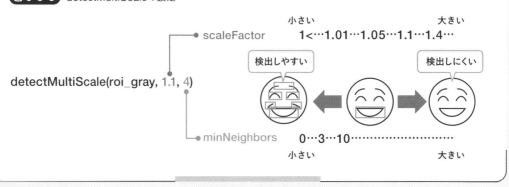

6-5-3 笑顔の人数を表示しよう

ここまでの内容で、画像の中から人と笑顔を検出できるようになりました。ここからは検出した笑顔の数を数えられるようにしましょう。

detect_faces 関数にカウント機能を付け、数を表示する部分まで実装します。コードに次の追加を行いましょう。

Code **6-5-4** 笑顔の数を数えて描画する

```python
35  def detect_faces(frame, person_box, face_cascade, smile_cascade):
36      """顔を検出する関数"""
```

```python
43      # 顔検出結果をバウンディングボックスで描画
44      is_smile = False                                        ← 追加
45      for (fx, fy, fw, fh) in faces:
46          roi_face_gray = roi_gray[fy:fy+fh, fx:fx+fw]
47          face_top_left = (x1 + fx, y1 + fy)
48          face_bottom_right = (x1 + fx + fw, y1 + fy + fh)
49          cv2.rectangle(frame, face_top_left, face_bottom_right, (0, 255, 0), 2)
50
51          # 笑顔を検出
52          smiles = smile_cascade.detectMultiScale(roi_face_gray, 1.8, 20)
53          if len(smiles) > 0:                                 ← 追加
54              is_smile = True                                 ← 追加
55          for (sx, sy, sw, sh) in smiles:
56              smile_top_left = (x1 + fx + sx, y1 + fy + sy)
57              smile_bottom_right = (x1 + fx + sx + sw, y1 + fy + sy + sh)
58              cv2.rectangle(frame, smile_top_left, smile_bottom_right, (255, 0, 0), 2)
59
60      return frame, is_smile                                  ← 赤字部分追加
```

```python
86      # 顔検出
87      count_smile = 0                                         ← 追加
88      for box in person_boxes:
89          img_annotated, is_smile = detect_faces(img_annotated, box, face_cascade, ⏎
    smile_cascade)                                             ← 赤字部分追加
90          if is_smile:
91              count_smile += 1                                ← 追加
92
93      # 画像を表示
94      img_annotated = text_overwrite_to_image(img_annotated, f'person={count_class}', ⏎
    (10, 25))
95      img_annotated = text_overwrite_to_image(img_annotated, f'smile={count_smile}', ⏎
    (10, 25))                                                  ← 追加
96      cv2.imshow('Playing', img_annotated)
```

Code 44, 52～54, 90～91行目 **笑顔の数をカウント**

is_smile を False で用意し、for 文内で笑顔を検出したら is_smile を True にします。ここで、笑顔の特徴は 1 人に対して複数検出されますが、1 つ以上特徴が検出されれば is_smile が True になるように、**if len(smiles) > 0:** と if 文を使っています。そして detect_faces 関数の外で is_smile が True であれば（笑顔の人がいれば）、笑顔の人数 smile_count をカウントアップします（**図 6-5-9**）。

図 6-5-9 笑顔のカウント方法

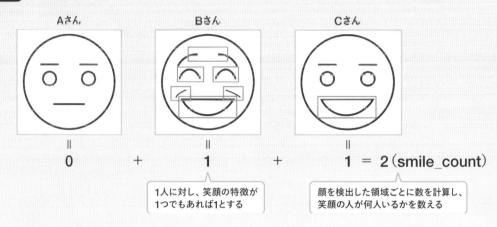

Aさん　Bさん　Cさん

= 0 　+　 1 　+　 1 = 2（smile_count）

1人に対し、笑顔の特徴が
1つでもあれば1とする

顔を検出した領域ごとに数を計算し、
笑顔の人が何人いるかを数える

Code | 87、90〜91、95行目 | **笑顔の人の人数を画像に描画**

　人数を画像に表示したときの text_overwrite_to_image 関数を再利用して、笑顔の人の数も元画像の上に表示します。

　このコードを実行することで、画像の左上に数字が1つ追加されます。下が YOLO によって検出された全体の人数、上がそのうちの笑顔の人の数になります。

図 6-5-10 笑顔の人数を画像に描画

笑顔の人の数 —→

人数 —→

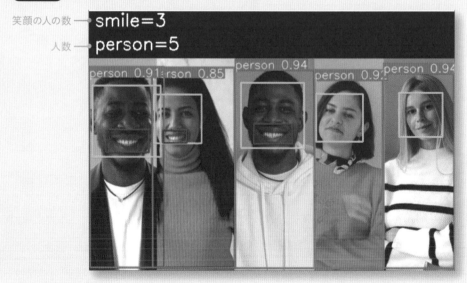

smile=3
person=5

SECTION
6-6 | 全員が笑顔になったら撮影しよう

図 6-6-1 全員が笑顔になったら写真を保存する

それではカウントした人数、笑顔の人の数を使って「笑顔キャプチャーカメラ」を完成させましょう。カメラは常に人の顔を観察し、全員が笑顔になるのを待つようにします。

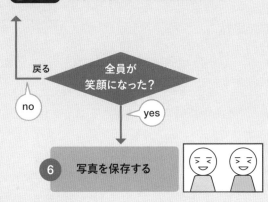

全員が笑顔になった瞬間、動画撮影中の１フレームを静止画に保存するため、次のコードを追加しましょう。

Code 6-6-1 全員が笑顔になったら撮影する

```
1    from ultralytics import YOLO
2    import cv2
3    import numpy as np
4    from pathlib import Path        追加
5    import time
```

```
69   # 動画撮影を開始
70   cap = cv2.VideoCapture(0)
71
72   # 画像保存の設定
73   file_counter = 0
74   last_saved_time = 0              追加
75   folder = Path('img-smile')
76   folder.mkdir(exist_ok=True)
```

```
100       # 画像を表示
101       img_annotated = text_overwrite_to_image(img_annotated, f'person={count_class}', ⏎
     (10, 25))
```

```
102        img_annotated = text_overwrite_to_image(img_annotated, f'smile={count_smile}', ⏎
    (10, 25))
103        cv2.imshow('Playing', img_annotated)
104
105        # 人数と笑顔数が一致したら画像を保存
106        current_time = time.time()
107        if count_class == count_smile and (current_time - last_saved_time) > 10:
108            filename = folder / f'image_{file_counter:04d}.jpg'
109            cv2.imwrite(filename, frame)
110            file_counter += 1
111            last_saved_time = current_time
```

追加

Code 4〜5行目 **import文**

ファイルの操作のための **pathlib** と、一度撮影してからの待機時間を設定するために **time** を import します。これらはともに Python の標準ライブラリです。

Code 73〜74行目 **ファイル番号カウンターと最終保存時間の記録**

笑顔キャプチャーカメラでは、フレームに映った全員が笑顔になった瞬間を撮影しますが、動画はプログラムが実行されている間ずっと撮影し続けるようにします。保存される画像を連番とするため、**file_counter**（0 から 1 ずつ増える）を用意しましょう。

図 6-6-2 連番で保存される静止画ファイル

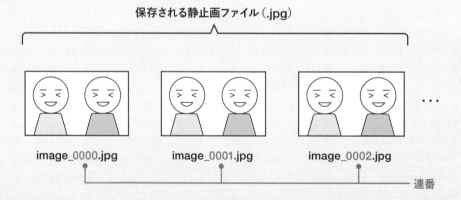

保存される静止画ファイル（.jpg）

image_0000.jpg   image_0001.jpg   image_0002.jpg   ・・・

連番

また、人の笑顔の状態は一瞬ではなく、一定の時間持続します。場合によっては全員が笑顔になっている状態が数秒以上続く可能性があるため、一度撮影が行われたら一定の秒数以内は撮影を行わないようにします（連続で撮影をし続けると、写真が大量に保存されます）。**last_saved_time** という変数で撮影した時刻を記録し、この変数を使って時間管理をします。

Code 　75～76行目　画像保存フォルダの作成

　連番で保存する画像は1つのフォルダにまとまっていると扱いやすいです。ここでは **img-smile** というフォルダに画像を保存する設定を行っていますが、フォルダがまだ作成されていないときは mkdir メソッドでフォルダを新規作成します。**exist_ok=True** と設定することで既にフォルダが存在していてもエラーになりません。

Code 　107行目　現在時刻の取得

　time.time で現在時刻の取得を行います。取得された時間は1970年1月1日 00:00:00 UTC からカウントされた秒数です。この時間のことを **UNIX エポックからの経過秒数** と呼びます。UNIX エポックとはコンピューターシステムが日時を数値で表現する際の基準点であり、日時を一意の数値で扱うために利用されます。

Code 　108～112行目　連番画像ファイルの作成

　人数（count_class）と笑顔の人数（count_smile）が一致した場合、かつ現在時刻（current_time）と最後に写真を保存した時刻（last_saved_time）の差が10秒以上空いているときに **imwrite** で写真を保存します。

　笑顔でないときや、写真を保存して間もないときは保存の処理を行いません。ファイル名は image_xxxx の連番で保存されます。この処理の後、file_counter のカウントアップと last_saved_time を更新します。

　このコードを実行すると、YOLO で検出した人の領域ごとに顔検出を行い、全員が笑顔になったときに写真を撮影する動作を行います。サイドバーに img-smile フォルダが作成され、フォルダの中に笑顔の瞬間の写真が保存されます。

図 6-6-3 完成イメージ

img-smileフォルダに画像処理前の写真が保存される

image_0000.jpg

6つのアプリが全部完成したね！お疲れ様！

INDEX

●著者プロフィール

wat（ワット）
WATLAB ブログ運営者
メーカー勤務機械系エンジニア

工学計算に関する知識の習得を目指し、Python の学習を 2019 年から始める。
仕事以外にも、趣味のプログラミングや Python コミュニティへの参加を行っている。また、月間数万 PV の Python ブログ「WATLAB」を立ち上げ、初心者向けに図を多くしたわかりやすい記事を作成・公開している。
ブログ：https://watlab-blog.com/
本書の最新情報や補足説明：https://watlab-blog.com/ikinari-python-book
X：@watlablog

装丁・本文デザイン：坂本真一郎（クオルデザイン）
イラスト：みずの紘
DTP：BUCH+
編集：大嶋航平

レビュー協力：
寺田 学 CMScom 代表 (X：@terapyon)
鈴木たかのり PyCon JP Association 代表理事 (X：@takanory)
小山哲央 (X：@tkoyama010)
石井正道

いきなりプログラミング
Python
バイソン

2024年6月25日 初版第1刷発行

著　　　者	wat	
発　行　人	佐々木 幹夫	
発　行　所	株式会社 翔泳社 (https://www.shoeisha.co.jp)	
印刷・製本	株式会社シナノ	

©2024 wat

ISBN 978-4-7981-8486-9
Printed in Japan